0 BASED

HOW TO PLAY THE MODEL AIRCRAFT

零基础玩转航模

U0285099

郝天会
刘 波
张德欣
著

哈尔滨工程大学出版社

图书在版编目(CIP)数据

零基础玩转航模 / 郝天会, 刘波, 张德欣著. —哈
尔滨 : 哈尔滨工程大学出版社, 2017.9（2024.12重印）

ISBN 978-7-5661-1561-4

Ⅰ.①零… Ⅱ.①郝… ②刘… ③张… Ⅲ.①航模 –
基本知识 Ⅳ.①V278

中国版本图书馆CIP数据核字(2017)第151732号

选题策划	田 婧　吴振雷	
责任编辑	张忠远　周一瞳	
封面设计	Amber Design 琥珀视觉	
出版发行	哈尔滨工程大学出版社	
社　　址	哈尔滨市南岗区南通大街145号	
邮政编码	150001	
发行电话	0451-82519328	
传　　真	0451-82519699	
经　　销	新华书店	
印　　刷	哈尔滨圣铂印刷有限公司	
开　　本	787mm×1092mm　1/16	
印　　张	8	
字　　数	142千字	
版　　次	2017年9月第1版	
印　　次	2024年12月第8次印刷	
定　　价	39.80元	

http://www.hrbeupress.com

E-mail:heupress@hrbeu.edu.cn

中国青少年航模科技创新系列图书编写委员会

主　任

韩龙跃（黑龙江省航空学会秘书长）

副主任

齐　辉（黑龙省航空学会副秘书长、

哈尔滨工程大学航天与建筑工程学院院长、教授、博士生导师）

张德欣（黑龙省航空学会航模专业委员会主任、

哈尔滨工程大学航天与建筑工程学院、教授、研究生导师）

李　光（全国十大科学传播人、黑龙江省通用青少年科技体育协

会秘书长、香坊区少年之家副主任）

委　员

郝天会　刘　波　骆　钢

孟庆光　王　辉　张德伟

序

　　和理论书籍不同，本书主要从制作的角度展开叙述，着重叙述象真缩比飞机模型制作过程中需要用到的技术、可能遇到的问题和解决问题的方法。以案例来教读者如何掌握制作中的技术，同时，提供了三个KT板模型的制作实例，通过实例也可以让读者更直观地了解书中讲到的各种技法的效果。但同样的制作技法，不同的人使用会得到完全不同的效果。如何让某种技法得到最好的效果，需要各位读者在实践中总结和发现，这也是自己动手制作飞机的乐趣所在。

　　近年来，我国航空工业得到了快速发展，取得了巨大进步，受到航空爱好者的关注。各级航空部门加大了航空知识的宣传并组织各种赛事，受到青少年的喜爱。哈尔滨工程大学大学生航空模型创新团队成立十多年来积极参加黑龙江省航空学会和国家体育总局举办的各项赛事，获得多项奖励，积累了丰富的航模制作经验。他们总结经验，编著了这本航模制作教材，为青少年学生了解和掌握航模制作提供了有利帮助，对促进航空知识普及、提升青少年学生对航空的兴趣、提高其科技创新意识和创新能力将起到积极推动作用。

2017 年 5 月

前　言

早在飞机出现之前，人们做出了很多能"上天"的东西。自莱特兄弟第一次将载人飞机飞离地面，人类的飞行之梦就开始了飞速发展，航空航天模型的发展也应运而生。纸飞机、固定翼飞机、旋翼机、直升机等，在这短短的一个世纪中，人们不断地实现和超越着飞的梦想，而航模又将其普及化，让千千万万怀揣着飞翔之梦的航模爱好者翱翔天空。

本书介绍了手掷飞机、橡皮筋动力飞机的制作及操作方法。同时，介绍了纸飞机、Extra 330 LX 和 F-22 猛禽的 KT 板制作及操作方法，是航模爱好者的入门基础教程。

本书图文并茂、深入浅出，尤其在 KT 板的制作方面进行了非常详细的介绍。初学者根据该书也可以亲手制作飞机并实现飞行，是航模爱好者不可多得的参考资料。本书还配套了一些视频资料，航模爱好者可以通过扫描书后二维码观看相关视频。

本书自 2017 年 3 月创作以来，在哈尔滨工程大学张德欣教授指导下，由大学生创新工作室的郝天会、刘波同学及黑龙江省通用青少年科技体育活动中心的李光、骆刚、孟庆光三位老师潜心编写而成，附录部分由哈尔滨工程大学王辉老师及张德伟老师共同编写。本书的航模制作过程中得到了哈尔滨工程大学大学生创新工作室的大力支持，飞机的制作及表演部分由孟函羽、赵文宝同学完成。

本书作为中国青少年航模科技创新教育的一本较为专业的教材，在编写过程中得到了黑龙江航空学会、哈尔滨工程大学及黑龙江省通用青少年科技体育活动中心三家单位的大力支持和关怀。在这里，衷心感谢为本书付出努力的专家、老师及同学们。

青少年航模科技创新编写委员会

2017 年 5 月

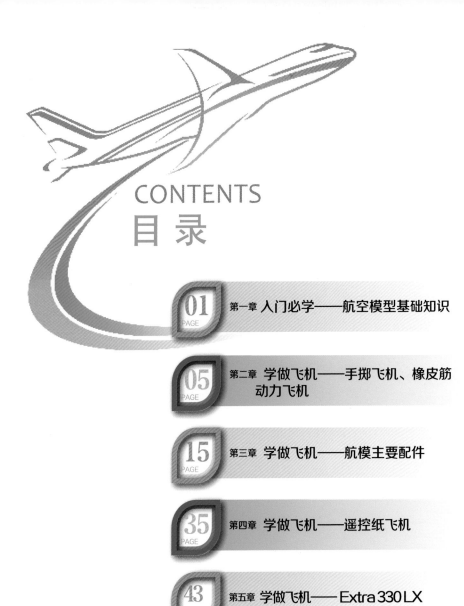

CONTENTS
目 录

第一章

入门必学——航空模型基础知识

一　航空模型及基本构造

　　舰空模型是各种航空器摸型的总称,包括模型飞机和其他模型飞行器。一般来说,航空摸型具有以下几个特征:有一定的尺寸限制、带有或不带有发动机、重于空气、不能载人。航空模型简称为航模,其各部分名称如图 1-1 所示。

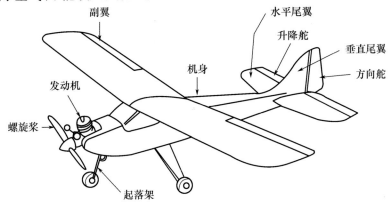

图 1-1　航模各部分名称

二　机翼的各个部分

　　如图 1-2 和图 1-3 所示,机翼的各部分定义如下:

　　前缘——机翼的前边缘;

　　后缘——机翼的后边缘;

　　翼弦——翼型前缘与后缘的连线,翼弦长就是机翼的宽度;

　　翼展——机翼的展开,即机翼左右翼尖之间的距离;

　　翼型——机翼的剖面;

　　上反角——机翼摆正时翼前缘与水平线的夹角;

　　展弦比——翼展与翼弦的比值。

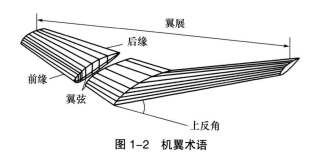

图 1-2　机翼术语

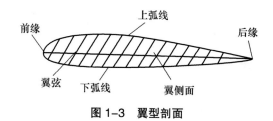

图 1-3　翼型剖面

三　我国航空模型运动的发展水平

我国航空模型运动起步于 20 世纪 40 年代,并于 1947 年举行了首届全国比赛。新中国成立后,在党和政府的关怀下,于 20 世纪 50 年代初建立了组织指导机构,培养了一批骨干。此后,群众性的航空模型运动蓬勃发展,运动水平迅速提高。1978 年 10 月,我国加入了国际航空联合会 (FAI),1979 年开始步入世界赛场。至 2000 年底,中国运动员在国际比赛中共获得了 21 项世界冠军,并有 58 人 59 次打破 31 项世界纪录。

四　普及类航空模型的分类

普及类航空模型主要分为自由飞行类 (P1 类)、线操纵类 (P2 类)、无线电遥控 (P3 类) 三大类。自由飞行类中,橡筋模型滑翔机 (P1B)、电动模型飞机 (P1E)、手掷型滑翔机 (P1S) 和弹射模型滑翔机 (P1T) 是比较常见的四大项目;线操纵类则主要以线纵电动特技模型飞机 (P2E) 为主;无线电遥控类一般是以无线电遥控电动模型飞机 (P3E) 为主。诸如纸飞机、扑翼机等趣味型普及类器材也深受广大青少年的喜爱。

第二章
学做飞机——手掷飞机、橡皮筋动力飞机

第一节　手掷飞机

一　机型介绍

手掷飞机的特点是拼装简单、飞行稳定,通过调整飞机的舵面,可以让飞机回旋飞行,有较高的飞行乐趣。

二　制作手掷飞机所用材料

配件如图 2-1 所示。

(1)切好的魔术板(可以在网上或者模型店买到);

(2)壁纸刀(切板材);

(3)101 胶(粘贴飞机);

(4)曲别针(调整飞机重心)。

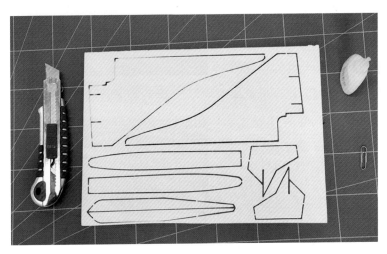

图 2-1　手掷飞机配件图

三 制作过程

步骤1 用壁纸刀对板材进行切割,如图2-2所示。

①和②为左右机翼,③和④为机翼上下连接加强片,⑤和⑥为尾翼,⑦为两片机身。

步骤2 将①和②拼对在一起并用101胶将③粘贴在①和②之间进行固定。粘贴步骤如图2-3所示,拼接后成品如图2-4所示。

步骤3 翻过来将④粘贴在另一面。将⑦两片粘贴在一起,并固定在④的中间部位组成机身。粘贴步骤如图2-5和图2-6所示。

步骤4 安装飞机的垂直尾翼并用胶固定。为了让飞机更漂亮,我们可以贴一些装饰贴纸。粘贴步骤如图2-7所示,粘贴后成品如图2-8所示。

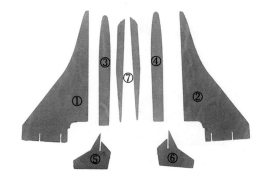

图2-2 飞机板材切割后图

图2-3 用101胶将③粘贴固定

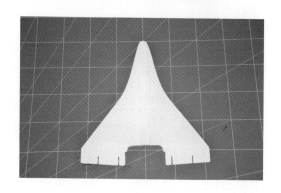

图2-4 拼接后成品图

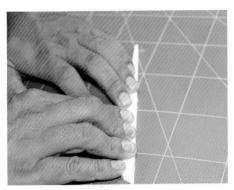

图 2-5 将⑦两片粘贴在一起

图 2-6 将粘贴后的⑦固定在④的中间部位

图 2-7 安装飞机的垂直尾翼

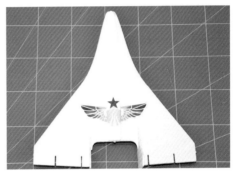

图 2-8 粘贴后成品图

（四）投掷飞机

　　重心的调整必须通过小动力试飞进行检验，可以轻轻掷出，观察飞机飞行是否平稳。曲别针是为了配重、调整飞机重心。飞机的重心一般都在飞机长度的三分之一处。试飞出手前一般有如图 2-9 所示的手持模型的姿势，用力点一般都在重心稍靠后的位置，用力方向沿机身轴线方向。出手时应前臂带动上臂将模型逐渐加速并沿直线推出去，"挥舞"式的投掷方式是错误的。在室外试飞时，应逆风（微风情况下）把模型举过头顶，机头略向下，在左右机翼保持平衡的情况下保持上臂基本不动，前臂自然向前伸展放飞飞机。出手后，观察飞机的飞行姿态。如图 2-10 所示，如果飞行轨迹为①，即为正常飞行（以小角度

向下平稳着陆,滑翔距离一般是出手高度的 6 ~ 12 倍);如果飞行轨迹为②,即我们常说的失重现象,须将翼台(飞机固定机翼的上方)适当往后移动;如果飞行轨迹为③,即扔出去后向地面飞的话,则须将翼台适当向前移动。

图 2-9　手持模型的姿势

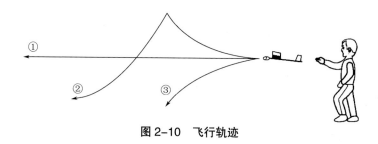

图 2-10　飞行轨迹

第二节　橡皮筋动力飞机

一　机型介绍

橡皮筋动力飞机的飞行原理是由于反向旋转绞动橡皮筋时,橡皮筋积蓄了收缩的回弹力,带动螺旋桨旋转,从而使飞机得以飞行。

二　制作橡皮筋动力飞机所用材料

制作橡皮筋动力飞机所需配件如图 2-11 所示。

（1）飞机套件(在网上和玩具店均有销售)；

（2）双面胶一个。

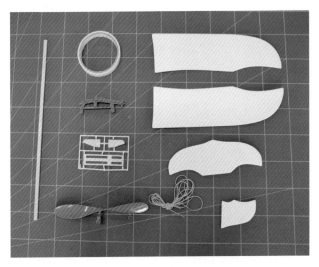

图 2-11　橡皮筋动力飞机配件图

三　制作步骤

步骤 1　将机翼固定架套装在方木竿上，机翼固定架一定要在木竿从顶端向下 7 cm 位置，如图 2-12 所示。

步骤 2　将双面胶贴在机翼固定架上，如图 2-13 所示。

步骤 3　先将机翼折成曲面，如图 2-14 所示，然后将折好的机翼粘贴在机翼固定架上，如图 2-15 和图 2-16 所示。

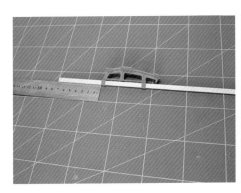

图 2-12　安装机翼固定架

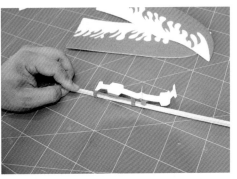

图 2-13　将双面胶贴在机翼固定架上

图 2-14　将机翼折成曲面

图 2-15　粘贴折好的左机翼

图 2-16　粘贴折好的右机翼

步骤 4　安装螺旋桨和尾翼，如图 2-17 至图 2-19 所示。

图 2-17　安装螺旋浆

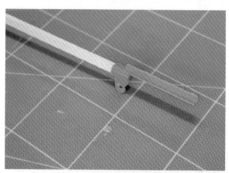

图 2-18　安装尾翼架

图 2-19　安装尾翼

步骤5　安装橡皮筋,将橡皮筋折三圈挂在螺旋桨钩和尾钩之间如图2-20和图2-21所示。

安装完的飞机图如图2-22所示。

图2-20　将橡皮筋折三圈

图2-21　将橡皮筋挂在螺旋桨钩和尾钩之间

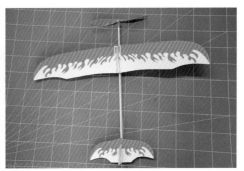

图2-22　安装完的飞机成品图

四 投掷飞机

顺时针拨动螺旋桨将橡皮筋上满劲,放开螺旋桨,桨叶旋转后,飞机飞入空中,如图2-23所示。

（a）

（b）

图2-23　投掷飞机示意图

第三章

学做飞机——航模主要配件

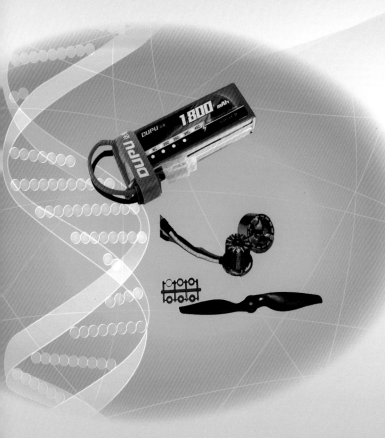

一　热熔胶枪

热熔胶枪的示意图如图3-1所示。

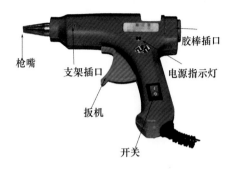

图3-1　热熔胶枪示意图

1. 使用方法

（1）热熔胶枪插电前，请先检查电源线是否完好无损，支架是否齐备，已使用过的胶枪是否有倒胶等现象；

（2）胶枪在使用前请先预热3～5 min，胶枪在不用时请直立于桌面；

（3）请保持热熔胶棒表面干净，防止杂质堵住枪嘴；

（4）胶枪在使用过程中若发现打不出胶，请检查胶枪是否发热。

2. 故障及处理方法

若胶枪不能正常发热，原因可能是：

（1）胶枪电源没有插好；

（2）胶枪因短路而烧坏。

若胶枪正常发热，但仍然无法使用，原因可能是：

（1）枪嘴因有杂质堵住出胶口，应请专业人员处理；

（2）胶枪倒胶而使胶条变粗，此时，只需将胶条轻轻旋转一周并小心地向后拉出一小部分，把胶条变粗部分剥掉，再继续使用即可。

使用胶枪时的注意事项如下：

（1）避免在潮湿环境下使用热熔胶枪，湿度会影响绝缘性能，可能会导致触电；

（2）喷嘴及熔胶温度很高（大约200 ℃），除手柄外，不可接触其他部分；

（3）切勿从进胶口拉出胶棒，热熔胶会导致严重灼伤或损坏热熔胶枪；

（4）不可随意拆卸及安装其电热部分零件，否则会导致失灵；

（5）除了熔胶外，不可作任何其他用途；

（6）胶枪中的胶条若发生倒流现象时，请立即停止使用，待专业人员清洁完毕倒流的热熔胶后方可使用；

（7）若胶枪连续加热超过15 min且并未使用，请切断电源。

二 无刷电机

有刷电机是通过电刷和换相器这种结构设计获得固定方向的磁场作用力而转动起来的。无刷电机没有电刷和换相器，它是如何获得固定方向的磁场作用力的呢？简单而言，改变输入到无刷电机定子线圈上的电流波交变频率和波形，在绕组线圈周围形成一个绕电机几何轴心旋转的磁场，这个磁场驱动转子上的永磁磁钢转动，电机就转起来了。

无刷电机的性能和磁钢数量、磁钢磁通强度、电压大小等因素有关，更与无刷电机的控制性能有很大关系，因为输入的是直流电，电流需要电子调速器将其变成三相交流电，这就是无刷电机配合的电子调速器需要解决的问题。

无刷电机拥有动力足、寿命长、效率高等优势，所以航模都使用无刷电机，其外观如图3-2所示。区别于有刷电机，无刷电机有三相供电线，并且配合电子调速器使用。

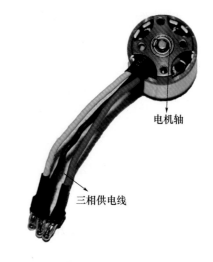

电机轴

三相供电线

图3-2 无刷电机示意图

1.尺寸

选择无刷电机时，会看到很多命名类似的型号，如2820和2814等，这个数字前两位是定子外径（mm），后两位是定子高度（mm）。如图3-3所示，定子的外径和高度越大，定子的铁芯越大，线圈绕的匝数也越多，表现出来就是电机的功率越大。当然，尺寸越大功率越大，但同时质量也越大。如某电机型号是2820，表示定子外径是28 mm，定子高度是20 mm。定子外径和定子高度与电机的功率成正比，型号为2820的电机与型号为2814的电机相比，定子外径相同，但2820定子高度高，所以其功率同样也大。这个尺寸的意义在于看型号就可以比较两个电机的功率大小,但这个方法一般只是比较定子外径相同而高度不一样,或者定子高度一样而外径不一样,定子外径和高度都不一样的很难通过此型号比较。需要注意的是,此尺寸是指定子的,而不是指电机外型尺寸。电机壳的厚度、散热槽形状和底座高度等都影响电机外型尺寸,所以用定子尺寸做功率的判断比用外型尺寸更加准确。

图 3-3 定子

2. 电机槽数和极数

如图 3-4 所示,槽数(N)指定子铁芯的槽数量,无刷电机是三相电机,所以槽数是 3 的倍数;极数(P)指定子上磁钢的数量,磁铁必定是南北极成对使用,极数必然是偶数。电机槽数和极数有些电机型号直接写为槽数 N 极数 P,如 12P14N,表示的是 12 槽 14 极的意思。槽数和极数都与最高转速成反比,也就是说,槽数(极数)越小,电机的最高转速越高,如

9N12P 的最高转速比 12N14 高。在槽数相同的情况下,极数与扭力成正比,即极数越大,扭力越大。一般情况下,槽数和极数越大,电机顿挫感越小(在电机不带电的时候,用手转动电机,会有卡顿感),理论上电机振动会更小,但由于槽数多了后很难做好动平衡。

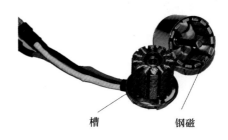

图 3-4 槽数与极数

3.KV 值

无刷电机 KV 值定义为"转速每伏",意思为增加 1 伏特 (V) 输入电压,无刷电机空转转速(r/min)增加的转速值。从这个定义来看,电压与电机空转转速是遵循严格的线性比例关系的,并且是常量,无论电机所在的工作电压为多少,电压和转速的关系都遵从此关系。而空转转速是指电机空转没有带螺旋桨等负荷下的转速与电压的关系,如 KV 值是 900,在 11.1 V 电

压下空转转速是 11.1 × 900 = 9 990 r/min, 如 KV 值是 1 250,同样电压下的空转转速是 13 875 r/min。 如表 3-1 所示,对于高低 KV 值的比较,其实只有相同的定子外径和定子高度的同一个型号,比较不同的 KV 值才较有意义,如某某牌子的 2814 电机,有 650 KV,800 KV 和 900 KV 三种型号。

表 3-1 KV 值高代的比校表

比较项目	高 KV 值	低 KV 值
定子线圈绕线匝数	少	多
相同电压下扭矩	小	大
相同电压下转速	高	低
匹配螺旋桨直径	小	大

虽然 KV 值存在大小之分,但是不能通过 KV 值比较电机的好坏,不能说 KV380 的电机就比 KV600 的好,同一个型号不同 KV 值的电机价格是一样的。关键是看实际的用途。

三 航模电机配件

航模电机配件如图 3-5 所示,电机座固定螺丝用于将电机座固定在电机上,电机座用于电机安装,其平的一面与电机接触,另一侧与航模指定位置接触。锥孔的作用是当螺丝拧上之后,螺丝帽正好在凹陷部分,使得电机座表面依然是平的,便于安装。桨夹用于将螺旋桨安装在电机轴上。

电机座紧固螺丝　电机座　桨夹　子弹头

图 3-5 电机配件

安装方法如下:

(1)拆卸桨夹;

(2)把最下面的带有螺纹的部件套在电机轴上;

(3)把中间的部件套上,注意有防滑纹的那面朝外;

(4)把螺旋桨放上去(注意不要忘记选择使用适合的桨套加到如图 3-6 所示位置);

(5)把最后一个部件拧上去,把

钢丝或者螺丝刀等工具插到子弹头的小孔里,顺时针拧紧,注意螺旋桨的朝向。

图 3-7　螺旋桨

图 3-6　安装螺旋桨套

（三）航模电机配件

如图 3-7 所示,螺旋桨主要有两个重要的参数:桨直径和桨螺距,单位均为英寸（1 英寸等于 2.54 厘米）。比如 8060 桨,就是说这个桨直径是 8 英寸,即 $8 \times 2.54 = 20.32$ cm,螺距则为 6 英寸。螺距表示桨叶旋转一周所前进的距离,但是设计螺旋桨时必须考虑空气流过螺旋桨时速度的增加,流过螺旋桨旋转平面的气流速度大于飞行速度,因而螺旋桨相对空气而言前进的距离——实际螺距将小于理论螺距。

桨直径和螺距越大,桨能提供的拉（推）力越大。因此,桨直径是螺旋桨性能的重要参数之一,指桨转动所形成的圆的直径,而不是桨叶的总长度。双叶桨（两片桨叶,这是最常用的桨）恰好是两片桨叶长度之和;而三叶桨,直径不是桨叶之和。一般情况下,直径增大拉力随之增大,效率随之提高,所以在结构允许的情况下尽量选直径较大的螺旋桨。此外,还要考虑螺桨桨尖气流速度不应过大（小于 0.7 倍的音速）,否则可能出现激波,导致效率降低,因此,选桨时要注意与电机 KV 值的匹配。一般来讲,如果想让飞机飞得慢,就用大桨;想让飞机飞得快,则用小桨。桨叶数目也是螺旋桨的一个重要参数,可以认为螺旋桨的拉力系数和功率系数与桨叶数目成正比。航模一般采用结构简单的双叶桨,只是在螺旋桨直径受到限制时,采用增加桨叶数目的方法使螺旋桨与发动机获得良好的配合。

螺旋桨有慢速桨和直驱桨之分，其实慢速桨不是指速度慢，主要是说慢速桨一般是用在减速组上的。并且螺旋桨有正桨和反桨之分，一般螺旋桨正面光滑，刻有相应的螺旋桨参数值，当该面朝前时，逆时针旋转产生拉力的为正桨，顺时针旋转产生拉力的为反桨。对于普通的电动航模而言，一般通过改变电机的转向改变前拉或者后推，但是不建议正桨反用，因为这样效率较低。

电机与螺旋桨搭配表如表3-2所示。

表3-2　电机与螺旋桨的搭配表

3S 电池（11.1 V）	
电机 KV 值	螺旋桨型号
900 ~ 1 000	1060 或 1047
1 200 ~ 1 400	9050 至 8060
1 600 ~ 1 800	6 ~ 7 寸
2 200 ~ 2 800	5 寸
3 000 ~ 3 500	4530
2S 电池（7.4 V）	
1 300 ~ 1 500	9050
1 800	7060
2 500 ~ 3 000	5030
3 200 ~ 4 000	4530

桨越大，产生推力的效率就相对越高，例如：同样的3S电池（电压相同），电流同样是30 A，1 000 KV配1060桨与3 000 KV配4530桨产生的拉力前者是后者的两倍，但是桨越大对飞机产生的反向扭矩就越大，所以在选择螺旋桨时除了要考虑电机参数之外，还要考虑飞机翼展等参数。注意：一定不能用高 KV 值电机搭配大桨，否则可能会损坏电机和电子调速器，甚至损坏电池。

四　电子调速器

电子调速器如图3-8所示：电源线，用于连接电池；信号线，用于连接接收机，同时给电机与接收机供电，接收机再给舵机供电;最大电流,如图 3-8 所示,30 A 电子调速器适用于电流为 30 A 的无刷电机,但是一般可以承受 10 s 左右的 40 A 最大电流;三相交流电源输出线,连接无刷电机,任意调换其中两根与电机连接顺序可以改变电机转向。

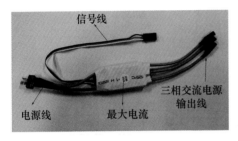

信号线

三相交流电源输出线

电源线   最大电流

图 3-8 电子调速器

航空模型用电子调速器简称电调,英文名为 Air-modeling ESC。现在的航模电子调速器一般都是无刷电子调速器。由于无刷电机在同功率下体积要比有刷大大减少,所以有刷电机目前在市场上已经渐渐减少了。现在的航模电调品牌国外以美国的凤凰最为出名,国内主要品牌有好盈、中特威、飞盈佳乐等品牌。航模电调需要根据使用情况和电机的功率要求进行选择。选择电调一定要看该款电调的功率,另外要看电调与电机的兼容度。电调并不能兼容所有电机,它必须根据电机的功率等参数进行选择,但实际情况是许多品牌的电调并不是足功率足电流,也许你需要 40 A 的电调,它其实只能跑到 30 A 就无法再往上调了,所以选择电调的时候一定要问清楚供应商功率是否能够满足。选择低于电机功率的航模电调会烧坏电调上面的功率管,所以功率问题是航模电调选择的重要问题。随着科技和产品的不断发展,航模电机功率、电池容量和电调功能也不断增强,主流航模电调从刚开始的 10 A,20 A,30 A 发展到现在的 60 A,70 A,80 A,90 A,现在这些也渐渐不能满足航模爱好者更高的追求了,100 A,110 A,120 A 的航模电调也相续面世。随着新科技、新材料和新配件的发展,航模电调的要求将会越来越高。

五 延长线

如图 3-9 所示,延长线是航模上的小配件。其共有红色、黑色和白色三根导线,分别为正极、负极和信号线,主要用于舵机、电调等信号线过短需要延长的场合。其有两个插头,分别是公头和母头。公头用于连接舵机、电调等信号线;母头用于连接接收机。

延长线实际就是一段导线,延长了舵机等原有的信号线,按照没延长之前相同的接法进行连接即可。

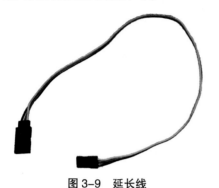

图3-9 延长线

六 舵机

图3-10中信号线用于连接接收机,提供舵机的电源以及控制信号,而舵机输出轴则用于安装舵盘。舵机也称为伺服器,是遥控模型控制动作的动力来源,不同类型的遥控模型所需的舵机种类也不同。

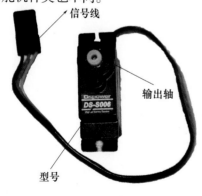

信号线

输出轴

型号

图3-10 舵机

七 舵盘

舵机是航模控制动作的动力来源,而舵机必须通过配套的舵盘连接被操控对象,如图3-11所示。舵盘安装于航模舵机的输出轴上,是连接航模舵机与模型飞机连杆的部件,可将动力从航模舵机输出轴传给被控制的对象,其上有一排用于连接拉杆的圆孔,越靠近中间的孔其对应的半径也越小。在角速度相同的情况下,其线速度越小。也就是说,拉杆装在越靠近中心的孔,其控制的舵面等对象在运动时也就会变得越慢,适用于要求被控对象行程较小、运动相对不太灵敏的情况,反之,则把拉杆装在靠近外侧的孔上。

（1）将舵盘套在舵机输出轴上并压紧,由于舵机输出轴和舵盘都有防止打滑的锯齿突起,所以如果压不进去的话,轻微旋转一下舵盘即可。

（2）用螺丝刀把对应的固定螺丝拧紧,拧紧时应用手扶住舵盘,防止其跟随螺丝刀旋转而损坏舵机内部齿轮。

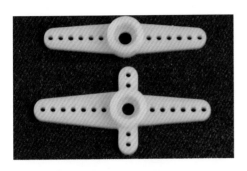

图 3-11　舵盘

图 3-12　舵角

 九　舵角

如图 3-12 所示,舵角是航模上常用于连接和控制舵面的一个部件,它可以使舵面做一定角度运动从而控制飞机的飞行姿态。舵角安装于被操控的舵面上,其上也有一排用于安装拉杆的圆孔,各个圆孔的区别与舵盘相同。舵盘一般与舵角安装面呈90°,并且两者之间的连接拉杆不能太软。

安装方法如下:

(1)在机翼上对应位置找到安装的短槽;

(2)将舵角插入对应的槽,反面用舵角扣扣住;

(3)用胶枪固定塑料舵角,将舵角扣和舵角固定在一起。

十　拉杆

如图 3-13 所示,航模拉杆用于连接舵盘和舵角。作为航模控制系统的一部分,其一端被加工成"Z"字形,用于连接舵盘,而直的一端用来连接夹头,夹头再连接舵角。直的一端可以根据实际所需要的长度用钳子等工具剪短,安装时应先将夹头安装在舵角上,然后把拉杆插在夹头对应的位置,注意不要拧紧顶丝(后续需要调整长度)。将舵盘插在拉杆"Z"字一端,最后再把舵角插在舵机输出轴上。在截取拉杆长度时,应将舵盘用手轻轻转到与拉杆方向垂直的位置。为了调机方便,舵盘螺丝先不用安装,此时不用通电。后续调机过程中,一定要拔下舵盘,舵机通电回到中立位置之后,再插上舵盘。由于舵盘和输出轴通过突齿防止滑动,所以可能会出现舵盘无

法与开始插上时位置完全相同的情况，会有一点小的偏差，但这是可以接受的，后期完全可以通过遥控器上的微调进行调整。

图 3-13 拉杆的安装

十一 夹头

如图 3-14 所示，夹头是快速调节器的一种，除此之外，快速调节器还有金属材质的等，这里只介绍"夹头"这一种，其主要作用就是和拉杆配合调节总体长度，满足舵角与舵盘间要求的安装距离。由于其可以改变拉杆插入的深度，再拧紧顶丝进行固定，因此，称其为快速调节器。由于夹头上用于插拉杆的槽和连接舵角的柱尺寸有差别，所以在选购时，应该注意拉杆、夹头和舵角三者之间的配合。

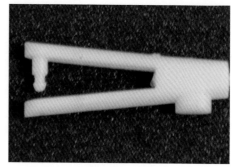

图 3-14 夹头

十二 电池

本书介绍的三款飞机建议采用达普电池系列的 1 800 mAh 25C 3S 电池，如图 3-15 所示。因为 1 800 mAh 电池质量和大小适中，而且达普电池性价比较高、做工较好，非常适合初学者玩 KT 板飞机时使用。

达普航模电池为锂离子聚合物电池，电池选用国际最优的 A 级电芯，外观平滑、焊接牢固，封装采用进口材质、高端工艺，电芯平衡配比方面执行了严格的标准。达普电池与其他电池相比一大优势就是底部有一层薄棉，侧面有极其轻薄的铝片对电池起到了很好的基础保护作用。其次，达普电池耐低温方面表现尤为突出，零下 20 多摄氏度的低温也可以放心使用。

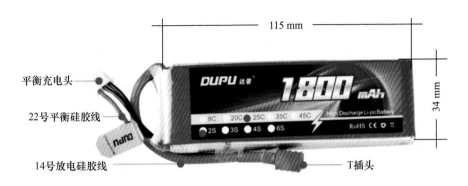

图 3-15　达普 1 800 mAh 25C 3S 电池

达普电池的所有连接导线均符合 AWG 国际标准,插头均使用正品插头,熔点高、导电性能好、气密性极好。

聚合物锂电池所标称的容量是用毫安时(mAh)表示的,锂电上标的电容量是 4.2 V 放电至 2.75 V 所获得的电量,如图 3-15 所示的容量是 1 800 mAh,它的意思是电池以 1 800 mA 电流放电时能维持一小时。一般来说,电池的体积和质量越大,它的容量就越大。很多模友反应达普同样容量的电池会比别家的稍微重一点,也正是如此,达普电池的一大特征就是足容。

电池的电压是用伏特(V)表示的。标称电压只是厂家按照国家标准标示的电压,实际使用时,电池的电压是不断变化的。如镍氢电池的标称电压是 1.2 V,充电后电压可达 1.5 V,放电后的保护电压为 1.1 V;锂聚合物电池的标称电压是 3.7 V,充电后电压可达 4.2 V,放电后的保护电压为 3.6 V。在实际使用过程中,电池的电压会产生压降,这是和电池所带动的负载有关的,也就是说,电池所带的负载越大,电流越大,电池的电压就越小,在去掉负载后,电池的电压还可恢复到一定值,并且每块电池的性能也不完全相同,因此,其使用过程中电压变化也不可能相同。而锂电池在使用过程中如果低于标称电压(3.7 V)就会造成过放,过放会严重影响电池的性能和寿命,严重时甚至会直接导致电池损坏而报废。同样,充电时也会有串联的各个电池不同步的问题,某一块电池已经达到其满电电压 4.2 V,但是可能另一块串联的电池刚达到 4.0 V。因此,为了使这块电池达到满电状态,不得不继续充电。但是又

会带来新的问题:有另一块电池已经充满,如果继续充电就会过充,同样会对电池造成损伤。因此,为了避免对电池造成损伤,航模电池采取平衡充电的方式,每一块电池单独充电,当充电器检测到某一块电池达到满电电压时便不再对其充电,只是继续对未满电的电池进行充电,直到所有串联电池全部充满为止。而在放电时同样应该注意不要过放,要时常通过电显等检测电压,防止过放,一旦电池发生过放,应该用小电流进行充电,使电压慢慢恢复,进行补救,但也不能改变电池性能下降的现实。

电池的放电能力是以倍率(C)表示的,如图3-15所示的电池放电倍率为10 C,它的意思是说按照电池的标称容量最大可达到多大的放电电流。例如,图3-15中的电池容量为2 200 mAh,若其倍率为1 C时最大放电电流为2 200 mA,但图3-15中的电池放电倍率为10 C,则其最大放电电流为2 200×10 C=22 000 mA,如果放电电流超过此值,可能会烧毁电池。

航模电池一共有两组电源线,粗的一共有两根,分别为红色的正极和黑色的负极。为连接电子调速器的输出电源线,其上的插头分为U插和T插。图3-15中电池的下方为T插。U插又分为XT60和XT90等,数字越大其尺寸和额定电流也越大,如图3-16所示。而电池上另一排相对细的线为充电线,由于充电电流没有放电大,因此,充电线也要比放电线细。由于串联的几块电池采用上述的平衡充电方式,每一块串联的电池共用同一根红色的正极线,但是由于电池采用的是3S电池,其负极是相互独立的,因此,有三根黑色的负极线。

注意事项如下。

(1)锂电池上标的电池容量是4.2 V放电至2.75 V所获得的电量。我们平时使用的电池,最低电压不得低于3.7 V。因此,每次充2 200毫安的电池只能充1 000多毫安进去是正常的。

(2)使用非锂电池通用充电器进行充电有可能引起锂电池损坏、冒烟、发热或燃烧。对于锂电池组,建议最好使用锂电池平衡充电器进行充电。

(3)过度放电、过度充电或反向充电会立即导致锂电池损坏。

(4)充电电流不得大于电池容

量的 1/2；充电截止电压为单颗 4.20 V ± 0.05 V。

（5）新电池初次使用时，请先使用标准的平衡充电器进行充电，切勿过度放电，初次使用过后，单片电压不得低于 3.7 V。持续使用时，请注意检查电池电压。3 串电池组总电压不得低于 11.1 V；两串电池组总电压不得低于 7.4 V；单颗电压不得低于 3.6 V。低于这些额定电压将导致电池鼓气，甚至损坏。

（6）锂电池的自放电率高于镍氢电池，长期保存容易过度放电，因此要定期检查电压，使之单颗电压维持在 3.8 V ~ 3.9 V，保存温度为 –20 ℃ ~ +35 ℃，相对湿度为 45% ~ 85%。

（7）聚合物锂电池单体采用铝塑膜包装材料，禁止刮擦、碰撞或用尖锐物刺破电池表面。电池极耳并非十分坚固，弯折容易断裂，尤其是正极耳。聚合物锂电池组已经过良好焊接，禁止拆分或再焊接。聚合物锂电池理论上不存在流动的电解液，但万一有电解液泄露而接触到皮肤、眼睛或身体其他部位，应立即用清水冲洗并就医。禁止使用已经损坏的电池单体（封口封边损坏、外壳破损、有电解液气味、电解液泄露等）。如遇电池发热剧增，请远离电池以免造成不必要的伤害。

（8）锂电请勿满电长时间存放，长时间存放后使用容易产生气胀现象，影响放电性能，最佳存放电压是单片 3.8 V 左右，使用前充满再使用，可有效避免电池气胀现象。

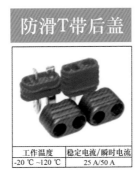

防滑T插		防滑T带后盖		XT60	
工作温度	稳定电流/瞬时电流	工作温度	稳定电流/瞬时电流	工作温度	稳定电流/瞬时电流
-20 ℃ ~120 ℃	25 A/50 A	-20 ℃ ~120 ℃	25 A/50 A	-20 ℃ ~120 ℃	30 A/60 A

图 3-16　T 插和 U 插

（9）锂电请勿超过其设计最大放电C数（过电流放电），过放电会严重影响电池的性能或直接导致电池损坏。

（10）电池一旦气胀请勿用尖锐金属物穿透放气，会造成电池内部短路甚至电池爆炸或燃烧。

十三 电显

如图3-17所示，电显一般拥有两种功能，即电量显示和低压报警，并且可以设置报警电压。

图3-17 电显

电显可以用于1S-8S的锂电池检测，自动检测锂电池每个电芯的电压和总电压。电显支持反向连接保护，可以随时随地了解电池的工作状态，使电池不会因为过放或过充造成伤害，检测精度可达±0.01 V。

电显在使用时应该插在锂电池的充电线插头上，电显有九根针，其正极永远插在最右侧的针上。插上电显之后最开始会显示串联电池数，比如2S就会显示2，之后会显示ALL及电池总电压，然后会显示NO1，NO2，NO3，…一直会显示到NO"串联的电池数"，比如6S电池就会一直显示到NO6，其后显示的数字就表示该块电池的电压。

低压报警就是当电压低于设定值时，蜂鸣器会响起，红色LED灯会闪烁。出厂默认设定值一般为3.3 V，按下按键可改变电压设定值，每按一下设定值会增加0.1 V，达到最大值之后会显示"OFF"，表示关闭低电压报警功能，再按一下就又回到最低值，松开按键后，其会自动保存用户当前设定值。电显可以直接插在电池上和飞机一起起飞，实时监测电池电压，并且在低于设定电压时通过蜂鸣器响起报警，提醒飞手尽快降落更换电池。

十四 航模充电器

如图3-18所示，航模充电器一般采用平衡充电的方式，市场上的充电器有不同的档次，一般情况下按照自己的需求选择即可。在这里建议使用达普的 A6 充电器,比较适合初级航模玩家使用。下面对 A6 充电进行简单的操作介绍。

图 3-18　充电器

A6 模充电器对于大家来说是一款适合新手的多功能充电器。UN-A6 锂电池专业充电器采用国际公认效率最高的"分压充"工作模式,由内置的 6 组独立的针对每一颗锂电池组单体的充电电路构成的核心电路,辅以精良的充电程序算法,实现真正意义的锂电池组"平衡充",达成最佳的锂电池电力输出性能和长效的电池使用寿命。其可以充聚合物锂电池、锂离子电池、A123 锂铁电池等。

1.A6 充电器的设置

(1)数据组设置

按下 Se 按钮,"A"处数字闪烁,已经进入了数据组设置。"C""D""E"处显示当前数据组的参数值,按"+""-"按钮可以修改数据组,下面的显示参数跟随改变。

按下 St 会直接退出设置,并且选中当前的数据值,如果长按 St 按钮不松手,2 s 后可以进入数据子菜单。

(2)进入数据子菜单

修改数据组子菜单示例:把 02E 的数据组值修改为 4.2 V,1.5 A。

长按 St 按钮 2 s 后可以进入数据组子菜单,"C"处闪烁,已经进入数据子菜单,当前修改的是需要调整哪个序号的数据组内容,按"+"/"-"按钮修改为 02,"D""E"值跟随改变。按下 Se 按钮"D"处闪烁,按"+""-"按钮修改成 4.2 V,再按下 Se 按钮"E"处闪烁,按"+""-"按钮修改成 1.5 A。按一下 St 按钮可以直接退出所有设置并且选中和保存数据,长按 St 按钮可以退出数据组子菜单返回到数据设置。

(3)工作模式子菜单设置

在没有进入设置的状态下,Se 按钮两次进入模式选项,"B"处闪烁,已进入模式选项,但只有模式 1,模式无法修改,充电还是放电由数据组内容决定。模式 1 子菜单里面所有菜单分

别是"自动开始""保姆循环次数""翻屏时间""背光关闭时间""背光亮度"几个选项。

（4）进入模式子菜单第一个选项（自动开始选项）

长按 St 按键 2 s 即可进入模式的子菜单。

"C"显示 Ad=，"D"会闪烁，已进入模式子菜单的第一个选项（自动开始）。按"+""–"按钮修改 00 或 01，关闭或者打开（选中 01，用户只需要插入电池就可以开始工作，如果接入充电保姆，会不断扫描保姆端口的电池），按下 Se 按钮跳到子菜单的下一个选项。

（5）在模式子菜单下按 Se 按钮（保姆循环选项）

保姆循环选项在接入保姆时有效。

"C"显示 CC=，"D"会闪烁，按"+""–"按钮修改 1 至 9。如果选择为 1，用户按下开始按钮后，保姆会把所有端口的电池扫描一遍，然后停止工作且不再扫描端口。如果 Ad=1，此选项被屏蔽（会不断扫描电池）。

（6）在模式子菜单下按 Se 按钮（翻屏时间）

"C"显示 FP=，"D"会闪烁，按"+""–"按钮修改 0 至 60。选择 0 表示不自动翻屏，如果选择 4 表示 4 s 后自动翻屏。

（7）在模式子菜单下按 Se 按钮（自动关闭背光时间）

"C"显示 Fb，"D"会闪烁，按"+""–"按钮修改 0 至 10。选择 0 表示完全关闭背光，如果选择 10，表示背光亮度最高。

模式子菜单下的所有设置完成后，长按 St 按钮可以退出模式子菜单，返回到模式选项，按一下 St 可以直接退出所有设置返回到准备充电界面。

（8）充电时间设置

在没有进入设置的状态下，按 Se 按钮 3 次进入充电时间设置，"H"处的值闪烁，已进入充电时间设置，按"+""–"按钮修改时间，如果设置的时间大于 0，工作时候为倒计时递减方式，时间递减为 0 后，无论电池是否充满直接退出充电；如果设置为 0，只显示充电完成后的经过时间。

（9）声音设置

在没有进入设置的状态下，按 Se 按钮 4 次进入声音设置，"J"处的值闪烁，已进入声音设置，按"+""–"按钮修改图标,可更改为消失或显示,静音或发声。

十五 扎带

如图 3-19 所示,扎带用于固定电池等设备,使用时安装在指定位置后扎紧即可,由其采用的形式决定其可以多次重复利用。

图 3-19 扎带

十六 碳纤维管

如图 3-20 所示,碳纤维管又称为碳素纤维管,也称为碳管、碳纤管,是采用高科技碳纤维复合材料预浸布制造而成的。碳纤维管具有高强度、高刚度、高承压承重性能,并有超轻的质量,耐腐蚀性好,材料稳定性好。

图 3-20 碳纤维管

碳纤维管具有质轻、坚实、抗拉强度高、尺寸稳定性好等特点,是 20 世纪 60 年代初发展起来的一种新型材料,现已成为现代社会不可缺少的一种新颖材料,广泛用于多轴飞行器、航拍无人机和 KT 板机等。

目前,绝大部分碳纤维管是采用无纺碳纤维纵向(经向)单向布制管,经浸树脂固化而制造的,也有少数用编织碳纤维布和网纹碳纤维布预浸布制造。用于碳纤维管生产方面的碳纤维含量多少直接决定其力学性能表现和价值。

第四章
学做飞机——遥控纸飞机

一　机型介绍

"纸飞机"是一种用 KT 板制作的平板无翼型三角翼飞机,因其基本外形结构像纸叠的手掷飞机而得名。它的最大特点是中间的 V 槽结构。V 槽结构可以充当机身,把电子设备都收放到 V 槽结构内,将后推螺旋桨安置于其中,起到护桨又护人的作用。同时,V 槽具备垂直尾翼的稳定作用。只要掌握操作要领,纸飞机就非常容易飞行成功,飞行速度可快可慢,最适合新手练习。

二　遥控纸飞机所需材料

90 cm × 100 cm KT 板一张、电机座、4 mm 直径碳杆 1 m 1 根、电机（2212 KV 1400）、30 A 电调 1 个、9 g 舵机 2 个、20 cm 长舵机延长线 2 个、舵角 2 个、钢丝拉杆 2 根、7 寸螺旋桨 1 个、混控六通道遥控器 1 个、达普 1800 mAh 3S 25C 锂电池 1 个。

三　遥控纸飞机的制作方法

遥控纸飞机的机体由机身、机翼、电池固定板和舵面组成。

按照如图 4-1 所示,在 KT 板材

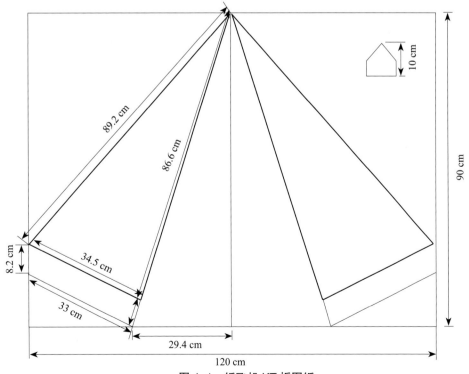

图 4-1　纸飞机 KT 板图纸

上用铅笔和格尺做好飞机尺寸标记。

按照标注线用壁纸刀进行裁板。

共有如图 4-2 所示①②③④⑤⑥⑦的 7 块板,粘贴步骤如下。

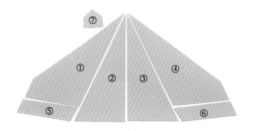

图 4-2　KT 板分解图

第一步:②③板用透明胶带正面粘贴。

第二步:①②,③④用透明胶带反面粘贴。

第三步:①⑤,④⑥用透明胶带反面粘贴,升降舵切割 45° 斜角后与机翼用透明胶带粘接。

第四步:⑦粘贴在飞机的顶端。

粘贴好的图片如图 4-3 所示。因为副翼在舵机的控制下需要上下活动,所以副翼的裁切方法如下。

图 4-3　粘贴好的图片

首先用格尺对齐副翼裁切面,用壁纸刀以 45° 斜面裁切,裁切好后,用透明胶带在裁切部位的后面粘贴,如图 4-4 和图 4-5 所示。

舵角的安装方法如下。

（1）先用彩色胶带在舵面上粘贴一条,主要作用是加固舵面强度,使飞机在飞行中不易损坏,并且增加飞机的美观,如图 4-6 所示。

图 4-4　用壁纸刀以 45° 斜面裁切

（2）在舵面距离机身的 10 cm 左右的位置,用壁纸刀扎一个小口,将舵角安装进去,如图 4-7 和图 4-8 所示。

图 4-5　用透明胶带在裁切部位的后面粘贴

图 4-6　用彩色胶带在舵面上粘贴一条

图 4-7　用壁纸刀扎一个小口

图 4-8　将舵角安装进去

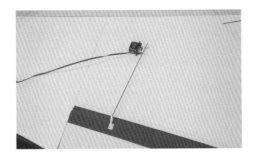

图 4-9　安装示意图

（3）舵机用不溶解 KT 板的 AB 胶或热熔胶与机翼粘牢,在两个舵面上安装舵角,把舵角从舵面的上表面插下去,下面用锁片压紧(注意锁片方向)并点上热熔胶,连杆是舵机和舵面之间的连接杆,Z 字形一头穿入舵角孔,另一头通过快速接头与舵机摇臂相连,舵机摇臂调至遥控器操纵杆在中立位置时与机翼表面垂直。安装示意图如图 4-9 所示,安装电机时应用碳杆固定机身,如图 4-10 所示。

电控系统接线图如图 4-11 所示。电机架及动力头的组装方式如下。

电机架是由 4 块 2 mm 层板组合而成的。首先把四块层板按图榫头拼接好,然后在所有拼接处加 502 胶, 5 min 后就可装电机和动力头固定碳管。两根碳管一长一短,长的一根靠近电机。碳管穿入电机架后两边伸出的长度要一致。用 502 胶把连接处粘牢,最后把螺旋桨通过桨夹装在电机轴上,螺旋桨的凹面向后。

按照如图 4-12 所示布局安装其他部件。

这款遥控纸飞机安装的是推进动力系统,由电动机带动螺旋桨产生推力获得飞机前行动力,电机推力线与

机翼平行,推力线角度为0°,或者稍微向后上方翘一点,电池要压在飞机头部,重心要控制在上平面纵向长的50%处,保证电机推力线尽量位于翼平面,电机安装角度略向后上方上扬,保证推力线延长能够从重心中下方穿过。飞机调试成微微拉升舵,加油门后飞机自己爬升的状态比较好操作。关掉动力后,自由滑翔掉高度少,飞起来很轻松。

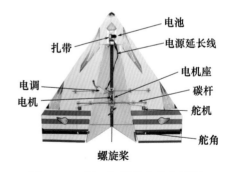

图 4-12　纸飞机配件安装布局图

图 4-10　用碳杆固定机身

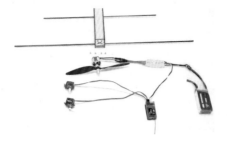

图 4-11　电控系统按线图

四　整机连调

飞机整体安装好后把电调和接收机分别固定在电机架里,用胶带缠上。检查一下螺丝是不是都已安装牢固,然后把左舵机插入接收机 1 号口,右舵机插入 2 号口,电调插头插入 3 号口,三相输出线与电机三个插头相连接,动力电池固定在电池板上。连接完毕就可通电调试,动力电池为 11.1 V 1800 mAh 锂电池。飞行前,电池需充电,每套电池配有一个小型智能充电器。打开发射机(动力杆应放最低端),然后把电池 T 型插头与电调 T 型插头对插并听到"嘟嘟"声音,代表接收机已通电,此时,可以操纵发射机杆进行舵面动作。

因为纸飞机遥控器设置方法是采用的副翼混控方法,和 F22 遥控器设置方法一样,所以纸飞机的遥控器调试方法这里不再介绍,详情请见第六章 F-22 遥控器调试方法。

五　纸飞机起飞操作

1.立式起飞

基本操作:如图 4-13 所示（以右手油门遥控器为例）,飞机爬升的时候左手拉杆;飞机要转弯的时候,右手向左或右打一点副翼,看到飞机倾斜以后,右手松杆,同时,左手拉升舵,飞机就会转弯。当飞机转 180°机头朝向自己的时候,右手要反向打副翼,就是向刚才转弯相反的方向打舵,使刚才倾斜的角度回平,这样就完成了一个调头过程。飞机机头对着自己的时候,飞机的飞行航线和打舵是左右相反的。

图 4-13　立式起飞

2.抛物起飞

如图 4-14 所示,让助手用手握住"纸飞机"V 槽中部（重心位置处）,飞机放平,迎风。操作人右手加油门 1/2~2/3 后,喊口令让助手将飞机轻轻向前平掷。出手后,操作人左手轻微拉升舵,右手把油门稍加大,让"纸飞机"平稳向前上方爬升。高度上升到二三十米后,收小油门,降低速度,即可正常飞行。

图 4-14　抛物起飞

六　纸飞机降落操作

滑翔落地——选择一个开阔的场地,转弯入场的时候保证滑翔距离大约 30~40 m,高度 10 m 左右,关闭动力,迎风滑翔。操作人站在上风区控制左右方向,对直自己慢慢滑翔降低高度,根据飞机下降的速率稍微补加油门和升舵,飞机距离操作人 2~3 m 时,高度 0.5 m 左右,速度降到最低,在飞机着地的瞬间,稍拉升舵,使飞机头部抬起后着地。

第五章
学做飞机——Extra 330 LX

一 机型介绍

　　Extra 330 LX 是一款有着出色的技术指标和性能且易于维护和保养的机型，它的优点是飞行平稳、易操控、易着陆。Extra 330 LX 与传统的多翼、单翼飞机（后三点起落架特技）相比，可以提供特殊的特技飞行，可以作为特技飞机，其巡航速度为 407 km/h，航程为 944 km，失速速度为 96.56 km/h。下面我们将它制作成航模飞机，供大家作为特技机进行表演。

二 所需材料

　　80 cm × 100 cm KT 板 1 张，4 通道及以上遥控 1 个，型号 2216 880 KV 电机 1 个，10 寸的螺旋桨 1 个，9 g 舵机 3 个，碳杆 1 根，达普 1 800 mAh 25C 及以上 3S 锂电池 1 个，还有钢丝，舵角等配件。

三 制作步骤

　　首先将 80 cm × 100 cm 的 KT 板按照图 5-1 进行裁切，有如下两种裁切办法。

　　（1）用大型打印机打印出图 5-1 的放大图纸，然后并粘贴在 KT 板上用壁纸刀裁切飞机的各个部位。

　　（2）使用激光切割机切割（如需要 CAD 图纸，可以扫描本书封底二维码下载）。

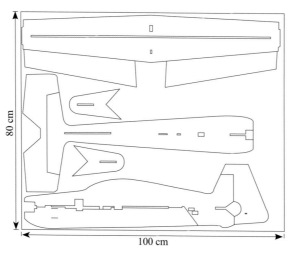

图 5-1　放大图纸

①取出热熔胶枪,检查是否完好,插上热熔胶棒,接通电源,打开开关备用(注意胶枪高温,小心烫伤,小心触电),将"机翼"部分从整张板上取下。

②用胶枪把碳管粘接在机翼的对应位置,对机翼加固,防止在飞行途中机翼因受力而变形、弯曲,操作步骤如图 5-2 所示。

③用透明胶带对副翼的转轴部分加固,加强副翼转轴的强度,如图 5-3 所示。

④对副翼(与机身接触处部分)进行销磨,使副翼可以自由摆动,然后在削磨部分同样用胶带加固,操作步骤如图 5-4 所示。将直尺置于做好的两处标记上,使直尺与副翼边缘距离也为 15 cm,将美工刀一侧靠住直尺另一侧靠在副翼下表面进行裁切,之后将划出的斜面用砂纸打磨平整,再用透明胶带进行加固,两侧副翼采取同样的操作即可。

（a）

（b）

图 5-2　用胶枪粘接碳管

图 5-3　用胶带对副翼部分加固

（a）

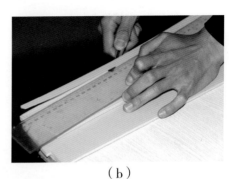

（b）

图 5-4　在削磨部分用胶带加固

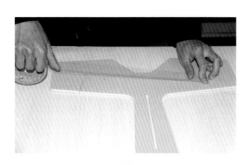

图 5-5 对升降舵正面加固

图 5-6 用胶带对升降舵背面加固

图 5-7 粘接机身与机翼

图 5-8 压紧两部分

⑤将机身的水平部分取下,仿照上述步骤,用胶带对升降舵部分加固,增强强度,如图 5-5 和图 5-6 所示。

⑥对升降舵背面进行削磨,作用与操作同副翼,便于其自由转动。

⑦将机身水平部分与机翼粘接,如图 5-7 和图 5-8 所示,注意热熔胶要涂抹均匀,涂抹之后用手压住一段时间至热熔胶冷却凝固,以防在胶未凝固时,粘接的部分发生错位移动。注意,不要将机身与机翼重叠部分的方形舵机安装口周围涂胶,以免胶溢出后,影响后续舵机的安装。然后,在两接触部分的外侧也涂上热熔胶放进加强,如图 5-9 所示。

⑧取下竖直机身的上半部分,在接触面上均匀涂抹热熔胶(动作稍微快些,防止在还没进行粘接时,最开始涂抹的胶已经凝固,如图 5-10 所示),将该部分插入机身水平部分对应的位置进行粘接,如图 5-11 和图 5-12 所示。注意保持机身竖直部分与水平部分垂直,并压紧,不要出现缝隙,在其外侧接触涂热熔胶进行加固,最终效果如图 5-13 所示。

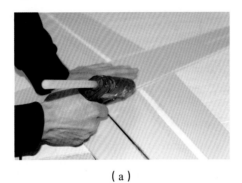

（a）

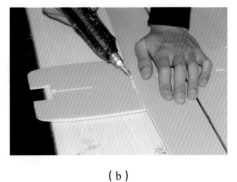

（b）

图 5-9　加固机翼与机身连接

图 5-10　对机身上半部分涂胶

图 5-11　粘接上半部分机身

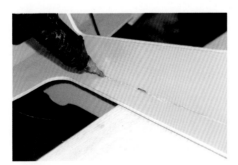

图 5-12　加固上半部分机身与
水平部分机身连接处

图 5-13　上半部分机身效果图

（9）仿照上步，取下竖直机身的下半部分，在接触面上均匀涂抹热熔胶，插入水平机身背面对应位置并压紧，如图5-14所示。注意，时间要短，速度要快，否则热熔胶凝固，难以黏合。

图5-14　固定机身下半部分

（10）在水平与竖直部分机身接触部分涂抹热熔胶，如图5-15所示，然后用热熔胶枪头刮均匀（千万注意机身前端固定电机座和机身上的三个方形舵机安装孔的部分不要涂胶，以防因为胶本身的厚度，电机座和舵机装不进去）。

图5-15　粘贴接触处

（11）取下方向舵进行削磨，方法同副翼和升降舵，如图5-16所示，用胶带粘在垂尾上，两侧都要粘贴，以保证强度。

图5-16　粘接方向舵

（12）取出零件中舵机，按如图5-17所示方向插入KT板中，用热熔胶粘牢，共有三个舵机，按同样方法操作即可。

图5-17　粘接方向舵

（13）取出零件中的舵脚，找到升降舵、方向舵和副翼上如图5-18所示的舵脚插孔，如图5-19所示，插入舵脚，压紧挡片。最好在挡片处用热熔

胶进行固定,防止其脱开,最终效果如图 5-20 所示。

图 5-18 找到升降舵、方向舵
和副翼上的舵脚插孔

图 5-19 安插舵角

图 5-20 涂热熔胶固定

(14)取出零件中拉杆和夹头,将拉杆插入夹头对应位置,安装方法如图 5-21 所示。舵盘安装于舵机上(先不用安装螺丝,否则后期调试时还需

拆下)。将拉杆插入舵盘最外侧的孔,夹头安装在舵脚最外侧的孔上,用手把夹头压紧闭合。

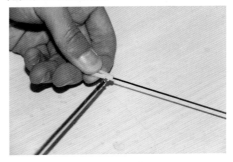

图 5-21 安装夹头

(15)取出零件中的电机座,插入机身前端电机座安装位置(为了保证强度,可能会有些紧,可以晃动着向里压紧),安装到位后,用热熔胶把电机座与机身粘好。

(16)取出零件中的电机,包装中有配套的底座和桨夹。首先,将电机座粘接在机身上,如图 5-22 所示,然后,按如图 5-23 所示方法将底座用附带的四颗十字螺丝安装在电机上(注意,螺丝要按对角线顺序安装,分几次拧紧)。

图 5-22 粘贴电机座

图 5-23　将底座用附带的四颗
螺丝安装在电机上

（17）如图 5-24 所示，用四个 3M
内六角螺丝将电机安装在机身的电机
座上。

图 5-24　电机安装

（18）按前面章节介绍的方式将桨
夹安装在电机上，将螺旋桨附带的垫
圈安装在桨上，将桨上标有型号的一
侧朝外插入桨夹，最后拧紧子弹头（一
定要拧紧，防止螺旋桨在高速旋转过程
中射出）。至此，电机和螺旋桨就安装
完成了。

（19）将魔术贴的一半贴于电调
上，如图 5-25 所示，另一半贴于机身

左侧，如图 5-26 所示（机翼碳管下方
位置），找到机身上扎带安装孔（机翼
下面），按如图 5-26 所示方向插入电
池固定扎带。

图 5-25　在电调上贴魔术贴

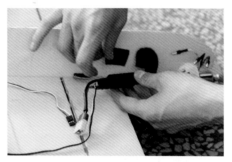

图 5-26　在机身贴另一半魔术贴

（20）把电调用刚才粘好的魔术
贴粘在机身上，用同样的方法用魔术
贴将遥控器中附带的接收机粘在电
调后面。

（21）接线（舵机和电调上红色线
为正极，黑色为负极，黄色或白色为信
号线，信号线要插在接收机标有数字

的一侧）。把副翼舵机线插在标有"1"的通道上，升降舵舵机线插在标有"2"的通道上，电调信号线插在标有"3"的通道上，方向舵舵机线插在标有"4"的通道上。至此，整架 Extra 330 LX KT 板机已全部制作完成。

四 Extra 330 LX调试

Extra 330 LX 的调试这里以天地飞 7 为例介绍，其他遥控器可以按照说明书进行调试，流程基本一致，就不在这里一一介绍了。

（1）先按住遥控器面板左侧"MENU"键，再打开遥控器电源开关，开机之后界面如图 5-27 所示，选中"机型参数选择"选项，按遥控器面板右侧确认键进入选项。

图 5-27　开机后界面

（2）按上下方向键选择"固定翼"图标，也就是如图 5-28 所示的"机型1"，然后按"确认"键。

图 5-28　按上下方向键选择"固定翼"图标

（3）出现如图 5-29 所示提示框，选择确认，按确定键。

图 5-29　提示框

（4）出现如图 5-30 所示提示重新开机即可生效。至此，机型选择完毕。

图 5-30　"重开机进效"提示

（5）重新开机时不按"MENU"键，直接打开电源开关，开机后按"MENU"键进入主菜单，按上下方向

键选择"高级设置"按确认键进入，如图 5-31 所示。

图 5-31　选择"高级设置"

（6）关闭所有混控，将所有混控开关设为"禁用"，然后按"EXIT"退出高级设置，如图 5-32 所示。

图 5-32　将所有混控开关设为"禁用"

（7）选择"正反设置"，按确认键进入，此时接通飞机电源，确认按前面章节的介绍插好电调和接收机，左右副翼舵机分别插 1 通道和 6 通道，方向舵舵机插 4 通道，升降舵舵机插 2 通道，电调信号线插 3 通道，注意电调不要连接电机，防止调试过程中电机启

动造成伤害。插好电池之后，如图 5-33 所示向左打副翼摇杆，右侧副翼向下翘则正确，如果向上翘则为反舵（均为正常现象），如果反舵，按如图 5-34 所示操作，将副翼选项改为"逆"即可（如果原来为"逆"，则改为"正"）。

图 5-33　向左打副翼摇杆

图 5-34　将副翼选项为"逆"

升降舵和方向舵如果反舵，按上述操作设计即可，向左打遥控器左侧摇杆，方向舵应该向左偏转为正，反之则反舵，需要将方向舵选项改为相反的参数（如果开始是逆就改为正）。向下压遥控器左侧摇杆如果升降舵向上

偏转,则为正舵,反之则反舵,仿照方向舵反舵时的设置,将升降舵对应参数改为相反的值即可,然后按"EXIT"键退出,返回参数设置。

(8)此时,各个舵面可能不会与对应的机翼或安定面相平,如图5-35所示。此时,在参数设置界面下选择"辅助微调"选项,按确认键进入,找到对应选项进行调整,例如副翼与机翼不相平,则加或者减相应的参数进行调整。

图5-36 调节拉杆上的快速调节器

(10)按遥控器控制面板"EXIT"键返回参数设置界面,选择"舵角设置"选项,按确定键进入,此时,将各个舵面对应摇杆打到最大位置,各个舵面偏转量可能偏大或者偏小,如图5-37所示。

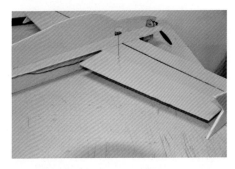

图5-35 各舵面与对应的机翼式安定面不相平

(9)如图5-36所示,如果当一侧相平之后,另外一侧不能相平,则需要调节拉杆上的快速调节器,使两侧同时相平。方向舵和升降舵仿照副翼的调节方法即可,只是在偏差不是非常大的情况下不需要调节快速调节器。

图5-37 将各个舵面对应摇杆打到最大位置

此时,通过加减对应选项右侧的参数,使各个舵面在摇杆压到最下时,其最大偏转角度大致位于如图5-38所示位置即可。

图 5-38　各个舵面在摇杆压到最下时最大
　　　　　偏转角度的位置

（11）至此,飞机调试全部完成。此时,可以插上电机的三相供电线,轻推油门摇杆,看气流是否向飞机后侧吹。如果向后吹则是正确的,反之,则任意调换三相供电线中的两根即可改变电机的转向。

第六章

学做飞机——F-22猛禽

一　机型介绍

F-22猛禽于21世纪初期陆续进入美国空军服役,取代了上一代的主力机型F-15鹰式战斗机。猛禽结合其隐身性能、灵敏性、精确度、态势感知能力、空对空和空对地的作战能力,使其成为当今世界上综合性能最佳的战斗机。

二　所需配件

F-22猛禽需要的材料有80 cm×100 cm KT板1张,4通道及以上遥控器1个,型号2216 1400 KV电机1个(不同的品牌电机需要不同KV值的电机),7寸的螺旋桨1个,9 g舵机2个,碳杆1根,达普1 800 mAh 25C及以上3S锂电池1个,还有钢丝、舵角等。

三　安装步骤

首先将80 cm×100 cm的KT板按照图6-1裁切,裁切有如下两种办法:

(1)用大型打印机打印出如图6-1所示的放大图纸,然后用美工刀裁切飞机的各个部位;

(2)使用激光切割机切割(如需要CAD图纸,可以扫描本书封底二维码下载)。

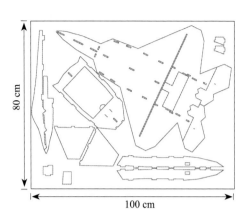

图6-1　F-22猛禽图纸

F-22猛禽安装步骤如下。

(1)将热熔胶枪从工具包中取出,插上热熔胶棒,插上电源,打开开关备用(注意胶枪的前端有高温,小心烫伤,小心触电),将"机翼"部分从整张板上取下。

(2)用热熔胶枪将碳杆与机身固定,如图6-2所示,注意碳杆要与机身平齐,碳杆中间位置不要涂热熔胶,以免电机座安不上(碳杆可以加强机身强度,防止其变形)。

图6-2　用热熔胶枪将碳杆与机身固定

(3)将"机身的水平部分"取下,

用零件中附带的胶带对升降舵部分加固,以增强强度,如图6-3所示。

图6-3 用胶带加固升降舵部分

(4)用美工刀尖在距离机身边线1.5 cm处做出两个标记点,如图6-4所示。

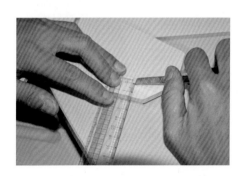

图6-4 用美工刀尖在距离机身边线
1.5 cm 处做出两个标记点

(5)用直尺连接上步的两个标记点,用美工刀刀尖轻轻将KT板上层的膜划破。不改变直尺位置,将美工刀斜向放置,美工刀上部靠在直尺上,下部靠在KT板下层的膜上,注意不要将下层膜切掉。向一侧移动美工刀,将舵面切除一个斜面,边缘侧从如图6-5

所示位置开始切,靠近中间位置切到如图6-6所示位置,并且用美工刀切断,两侧副翼采取同样的操作。

图6-5 边缘侧切割位置

图6-6 靠近中间位置切到的位置

(6)将上一步切出的斜面部分用胶带固定加强,如图6-7所示。

图6-7 将斜面部分用胶带固定加强

（7）两侧副翼中间位置采取如图6-8所示操作即可，同样也需要在上表面和切出的斜面用胶带加固。

图6-8　两侧副翼中间位置操作示意图

（8）至此，副翼就全部处理完毕，最后的效果如图6-9所示。

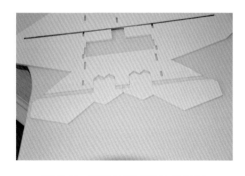

图6-9　副翼处理完毕的效果图

（9）取下机头部分，将该部分插入机身水平部分进行粘接，如图6-10所示。注意，机头要与机身水平部分垂直，不要破坏KT板的表面覆膜，防止其阻力过大，难以飞行。

（a）

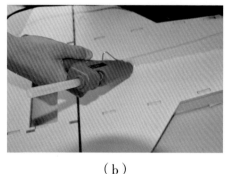

（b）

图6-10　将机头部分插入机身水平部分

（10）仿照上步，取下竖直机身的下半部分，在接触面上均匀涂抹热熔胶，如图6-11所示。因其有一定的弧度，注意不要折断，而且要压紧，使其与机身紧密接触。

（11）取下固定电机座的竖板，将其与机身粘接，注意安装电机一侧不要涂抹热熔胶，防止其过厚难以安装电机座。

（a）

（b）

图 6-11　在接触面上均匀涂抹热熔胶

（a）

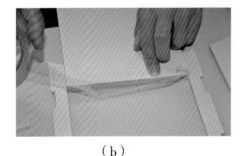

（b）

图 6-12　固定加强机腹封盖的轴

（12）取下机身的封盖，机腹封盖的转动轴需要固定加强，如图6-12所示。

（13）将机腹的封盖粘接在机身上，注意正反面，以防封盖打不开，如图6-13所示。

图 6-13　将机腹的封盖粘接在机身上

（14）取下固定电机座的竖板，将其与机身粘接，如图6-14所示。注意，安装电机一侧不要涂抹热熔胶，防止其过厚难以安装电机座。

图 6-14　将固定电机应的竖板与机身粘接

（15）将机身进气道挡板粘接到机

头部位,如图 6-15 所示。

图 6-15　将机身进气道挡板粘接到机头部位

（16）取下垂尾、限位板以及头部的竖板,头部的竖板不需要处理直接粘接,垂尾也不需要削磨,可直接粘在水平机身上,但注意垂尾与水平机身之间呈 75°夹角,这时我们可以用限位板进行角度限位,如图 6-16 所示。

（a）

（b）

图 6-16　用限位板进行角度限位

至此,机身主体组装就全部完成,最终的效果如图 6-17 所示。

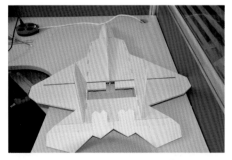

图 6-17　机身主体组装完成效果图

（17）取出舵机,插入 KT 板中,用热熔胶粘牢,共有 2 个舵机,按同样方法操作即可。以下电子部分安装与上一章相同。

舵机安装完成之后,按如图 6-18 所示方法安装舵盘。注意,舵盘在竖直方向,为了后续调机方便,先不要安装螺丝。

图 6-18　安装舵盘

（18）取出舵脚，找到升降舵上的舵脚插孔，插入舵脚，压紧挡片，并用热熔胶固定，以防其松动，影响飞行，如图6-19和图6-20所示。

（19）取出拉杆和夹头，将拉杆插入夹头对应位置，安装如图6-21、图6-22和图6-23所示，将舵盘安装于舵机上。将拉杆插入舵盘最外侧的孔，夹头安装在舵脚最外侧的孔上，用手把夹头压紧闭合。

（20）取出电机座安装，因其为中推飞机，电机座安装位置在机身中部（为了保证强度，可能会有些紧，可以晃动着向里压紧），安装到位后，用热熔胶把电机座与机身接触处粘牢，与上一章电机座安装方法相同。

（21）取出电机，包装中有配套底座、桨夹，首先将底座用附带的四颗十字螺丝装安在电机上（注意螺丝要按对角线顺序安装，分几次拧紧），与上一章电机座安装方法相同，如图6-24所示。

图6-19　插入舵脚

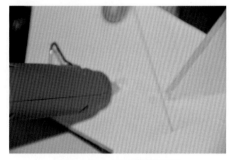

图6-20　用热熔胶固定

图6-21　取出拉杆和夹头

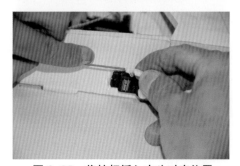

图6-22　将拉杆插入夹头对应位置

图 6-23　将舵盘安装于舵机上

图 6-24　安装电机座

（22）用零件中附带的四颗十字螺丝将电机安装在机身的电机座上。按第五章图示的方法将桨夹安在电机上，将螺旋桨附带的垫圈装在桨上，将桨上标有型号的一侧朝外插入桨夹，最后拧紧子弹头（一定要拧紧，防止螺旋桨在高速旋转过程中射出）。至此，电机和螺旋桨就安装完成了。

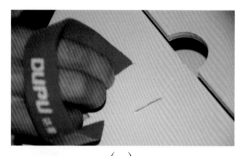

（a）

最后，将魔术贴的一半贴于电调，一半贴于机腹中间，找到机身腹的扎带安装孔，按如图 6-25 所示方向插入电池固定扎带。把电调用刚才粘好的魔术贴粘在机腹中，用同样的方法，用魔术贴将遥控器中附带的接收机粘在电调旁边。至此，F-22 战机就全部安装完毕了。下面介绍 F-22 遥控器的调试部分。

（b）

（c）

图 6-25　插入电池固定扎带

四 F-22猛禽调试

F-22猛禽的调试以天地飞7为例介绍,其他遥控器可以按照说明书进行调试。前置步骤见第五章步骤(1)至步骤(5)。

(1)进行前面的设置后,选择"三角翼混控",按确定键确认,如图6-26所示。

图6-26 选择"三角翼混控"

(2)将第一行混控开关设为"开",其他设置默认即可,如图6-27所示。

图6-27 将第一行混控开关设为"开"

(3)按面板左侧"EXIT"两次退回主菜单,选择"正反设置",按确认键确

认。此时,接通飞机电源,按前面章节的介绍插好电调和接收机,左右副翼舵机分别插1通道和2通道,电调信号线插3通道。注意,电调不要连接电机,防止调试过程中电机启动造成伤害。插好电池后,按如图6-28所示向左打副翼摇杆,左侧副翼向上翘则为正确,向下翘则为反舵(均为正常现象),如果反舵,按如图6-29所示操作,将副翼选项改为"逆"即可(如果原来为"逆",则改为"正")。

图6-28 向左打副翼摇杆

图6-29 将副翼选项改为"逆"

（4）同上述操作，向下压"升降舵"摇杆，若左右副翼均向下翘为反舵，向上为正舵，若反舵，则将升降选项改为"逆"（如果原来为"逆"，则改为"正"），如图6-30所示。

图6-31　调节左右副翼使其打平

（6）按面板左侧"EXIT退回参数设置，选择"舵角设置"选项，按确定键确认。此时，将升降舵摇杆压到最下，左右副翼将向上偏转，偏转的幅度可能会很大，并且左右副翼偏转角度可能会不同。此时，通过加减副翼和升降右侧的参数，使左右副翼在升降舵摇杆压到最下时相平，并且使其最大偏转角度大致位于如图6-32所示位置即可。

图6-30　将升降选项改为"逆"

（5）松开所有摇杆，使其自然归中，按面板左侧"EXIT退回参数设置，可能会发现左右副翼并不与水平机身相平。除了调节拉杆上快速调节器之外，也可以通过遥控器选择"辅助微调设置"进行调节，按确定键确认，通过加或者减副翼或升降右侧数字分别调节左右副翼使其打平，至于加或减按实际舵面偏转方向调整即可，如图6-31所示。

图6-32　最大偏转角位置

第七章
学习飞行——航模操控

一 模拟器训练

真正想飞好航模,直接上手飞真机是不可行的,因为直接上手真机可能会面临如下几个问题:新手可能会面临不熟练的窘境,甚至不能熟练的掌握各个操纵杆的作用;真机速度快,也增大了新手操控能力;真机由于受到环境干扰比如风、乱流、上升气流等的影响,更加重了新手的训练难度;真机成本相对较高。因此,新手一般都先从模拟器开始练起,一般常用的模拟软件有"凤凰""Aerofly"等,这里就以 Aerofly 为例介绍。

Aerofly 是一款航模飞行模拟软件,软件内有多款飞机可供选择,从战斗机到客机等都可以选择,并且可以选择环境,包括农场、航母等都可以选择,并且该款软件可以模拟真实环境,包括风、乱流、上升气流等,都是可以选择打开的,而且可以改变大小。具体软件如何操作在这里就不赘述了,按照软件说明使用即可。

1. 准备

(1)连接好模拟器;

(2)初级机型为 trainer,初级地图为 farmland;

(3)模拟器速度为 120%。

2. 纪律

(1)练习模拟器时飞行员严禁闲谈,嬉闹(否则会分散注意力,养成不好的习惯,给真机飞行带来麻烦);

(2)练习模拟器时飞行员身体保持跨立,严禁坐下(真机飞行时都是跨立姿势,可以保持身体的稳定,而模拟器练习必须完全按照真机要求,才能养成良好飞行习惯);

(3)飞行时应时刻注意飞机姿态,不允许看除飞机以外的地方,如需与他人交流,飞机应先降落并熄油。

3. 起飞(进度一)

(1)起飞前要向助手报告申请起飞,得到可以起飞口令后,方可起飞(防止在真机飞行时发生危险,助手可以观察周围环境是否安全);

(2)起飞时飞机应滑跑至跑道尽头,起飞时飞机仰角应在 30° 左右,上升至 30 m(±5 m)时,飞机改为平飞,起飞结束;

(3)起飞过程中不允许急转弯,严禁越过安全线。

4. 航线(进度二)

(1)航线为矩形航线,从起飞结束起左转,飞至庄稼地上空,左转,在庄

稼地上空沿跑道平行线飞至水塔,左转,飞至跑道上空,左转沿跑道上空飞行,重复以上;

（2）高度保持 30 m(±5 m);

（3）平飞油门在 1/3 到 2/3 之间,严禁全程满油门飞;

（4）转向飞机左右倾斜度不得超过 30°,且不能下降高度;

（5）严禁越过安全线。

5.通场(进度三)

（1）通场前要向助手报告申请通场,得到可以通场口令后方可通场;

（2）通场高度为 4 m(±1 m),不得有大的抖动;

（3）第四条边降至 10 m(±2 m),第一条边降至通场高度;

（4）通场速度应该保持在 50 km/h (±5 km/h);

（5）通场时飞机应小油门飞,越过自己后加大油门保持高度至起飞速度,方向需和跑道平行;

（6）严禁飞越安全线。

6.降落(进度四)

（1）降落前要向助手报告申请降落,得到可以降落口令后方可降落;

（2）在第四条边降至 10 m(±2 m)时,适时熄油,在第一条边降至通场

高度时,缓慢下降,速度在 50 km/h 以下,并使飞机有 10° ~ 20° 的仰角,下降率应先大后小,后轮先切合地面,若速度过大,应立即复飞;

（3）飞机应沿跑道降落在自己面前;

（4）降落时飞机不能反弹;

（5）严禁越过安全线。

二 真机训练

1.飞机起飞

飞机在拿在手上,姿势如图 7-1 所示,加油门至最大,平稳水平或小角度(14°)推出。及时用副翼修正姿态,尽量保持机翼水平,直到飞机爬升到安全高度,姿势如图 7-2 所示。推平飞机保持水平飞行。起飞完成。

图 7-1 飞机的姿势

图 7-2　飞机起飞时爬升姿态

2.转弯

转弯之前，飞机应保持水平飞行，高度在 50 m 左右。飞机在转弯时要侧身，机翼投影面积减小，升力下降，飞机会低头，如果不能纠正，飞机会进入螺旋状态，直至坠毁。正确转弯时，在正常速度下，先压副翼舵杆让飞机倾斜（不能超过 30°），然后拉升降舵杆让飞机先抬头，保持这个状态，如图 7-3 所示，直至到达预定角度，反方向推副翼舵，直至机翼保持水平，同时，前推升降舵是飞机前后方向保持水平。飞机转弯完成。

图 7-3　飞机转弯时姿态

3.四边航线

四边航线是飞行的基本功。飞机起飞后必然会想到应将飞机飞到什么地方的问题，这时，请先飞四边航线。正常飞机起飞后或者降落前都会绕机场飞四边航线，等待空管命令。在飞航模时，飞机起飞前应该规划飞行路线，一般是四边航线，在起飞前就找好四边航线的转弯点，新手飞行请一直左转（或右转）直飞。最好做到飞直（高低不变、方向不变，保持机翼水平，如图 7-4 所示），转弯合格（高度不变，转角位 90°），再反方向练习。四边航线要大量练习。

图 7-4 飞机水平飞行姿态

4.降落

降落前飞机最好有动力，飞机降落前保持正常速度水平飞行。推杆低头并减小油门，飞机会自动低头。适当拉升降舵保持水平飞行，直到接近

地面,关闭动力。保持飞机 5°～10° 的抬头,保持机翼水平,飞机会慢慢接近地面最终接地,如图 7-5 所示。接地后,立刻用方向舵微调飞机滑跑方向,直至飞机停止滑跑。飞机起飞和着陆都必须有足够的速度,速度过低或过高都会提高飞机的操纵难度,增加风险。定点降落要在四边航线的飞行中,逐渐降低飞行高度,在靠近自己的一边,按照降落要求降落,飞机低空接近定点出完全关闭动力,微微拉杆保持飞机抬头 5°～10°,飞机逐渐接地,完成降落。

图 7-5 飞机即将降落姿态

三 安全知识

航空模型不是玩具,它具有危险性,所以我们在玩航空模型时既要注意人身安全也要注意模型安全。

1. 人身安全

(1)儿童、疲倦、生病或醉酒的人不能进行航模活动。

(2)凡是有视力、听力、肢体、语言、行动等方面困难者以及对塑料、胶水有过敏史的人员都应该特别注意安全,避免单独或直接参与。

(3)凡是要有严重的心脏病、高血压、眩晕等不适合航空模型运动的疾病的人员,请千万不要擅自参与这项运动,在向医生咨询后方可决定是否能参与航空模型运动。

(4)在选择放飞场地时,请选择一块空旷、平坦、安全的场地,注意远离和避开人群、交通、建筑、公共设施和动物较多的地区和危险地带,如:车站、码头、机场、停车场、公路、街道、铁轨、航线、隧道、桥梁;高压电线、变电站、工厂、建筑基地、军事基地;政府机关、外国领使馆、医院、市区人群密集的广场;山区、水库、河流、峡谷、茂密森林、冰川河面;军事、航空、司法等部门规定的禁区和不安全的地区。避免在黑夜、雨天、大风、大雾天、大雪天和极端的高低温气候条件进行航模飞行,以免模型飞机撞伤人员。

(5)有旁观者观摩飞行时,应该提

醒他们远离准备起飞和正在飞行、降落中的模型飞机。在举行集体航模飞行活动时，组织者更应该划出安全警戒线或树立安全警告牌，并且将各项安全注意事项提前告诉各位参与活动的人员。

（6）启动后及刚关掉发动机不要马上触摸发动机及排气管，以免烫伤。

（7）在飞行中保持良好的姿势，不要坐或躺在地上操控，在斜坡上容易摔倒，请小心。

（8）如在有燃油的地方进行航模飞行，请禁止吸烟，远离周围吸烟者。

2.模型安全

（1）启动前，检查确保飞机无零件损坏并且工作正常，检查蒙皮有无破损、骨架有无断裂。

（2）检查遥控器的有效控制距离。

（3）更换老化的零件。

（4）检查确定发射机、接收机、启动器、高压包、热火头用电池已充满电。

（5）检查确定所有的舵机动作滑顺，舵机动作有误和故障会导致失控，这是十分危险的。

（6）检查确定连杆各控制环节、活动零件位置正确，螺丝及螺母已适当拧紧，没有损坏和装配不当的地方，没有松旷间隙或夹死。

（7）检查确定油料和油管是否处于正常状态。油管弯折，油滤堵塞及太久的油料不仅使得发动机难以启动，而且在飞行中会引起发动机熄火，导致坠机。

附　录

航模知识普及

一　飞机的飞行受力

如图 A-1 所示,飞行中的飞机受力可分为:重力——由地心引力产生;升力——由机翼提供（具体会在下文阐述）;拉力（或推力）——由引擎提供;阻力——由空气产生。

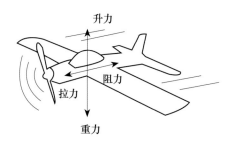

升力

阻力

拉力

重力

图 A-1　飞行中飞机受力分析

要了解飞机为什么能够飞行,我们必须再巩固一下著名的牛顿运动定律。

（1）除非受到外来的作用力,否则物体的速度 (v) 会保持不变。因此,当没有受到外力即所有外力的合力为零时,飞机在天空中保持等速直线飞行。

（2）某质量为 m 的物体的动量（$p=mv$）的变化率是正比于外加力 f,并且发生在力的方向上的。因此,飞机在起飞过程中,引擎的拉力大于阻力,产生向前的加速度,同时,机翼产生升力。

二 机翼的升力

要理解机翼产生升力的原理,首先要导入流体力学中著名的伯努利效应。伯努利效应最基本的内容是:在水流或气流里,如果速度慢,压力就大;如果速度快,压力就小。我们用实验证明这个原理。图 A-2 是一气流管道的横截面,我们先在 C,D 处注入适量的水。在没有气流通过前,C 和 D 两处的水面由于均受到相同的大气压力,高度相同。如果让气体从 A 处向 B 处迅速通过,我们会发现 C 管里的液体上升而 D 管里的液体开始下降。根据该实验,可以很容易分析出,由于每秒通过 ab 管的气流总量相同,所以截面小的部位 (a 处),空气通过的速度较快,而在截面大的部位 (b 处),空气的通过速度就比较慢。C,D 水位的差异正是由于空气压强不同而产生的。这样一来,我们就得出了伯努利效应的基本内容。

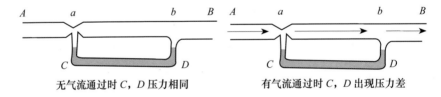

无气流通过时 C,D 压力相同   有气流通过时 C,D 出现压力差

图 A-2 伯努利效应实验

在日常生活中,我们会发现在两张白纸中吹气,白纸非但没有远离,相反,却靠拢了。

现在我们完全可以用伯努利效应解释这一现象了:两张纸中间的空气流动较快,压强较小;两张纸外侧的空气流动较慢,压强较大。纸张的外侧压强比内侧压强大,所以就出现了靠拢的现象,如图 A-3 所示。

不管是何种翼型,在飞行过程中由机翼产生升力的基本原理是相同的,即机翼上下面的空气流速差导致机翼上下面产生压强差,使机翼产生向上的升力。那么,机翼上下面的空气为什么会有速度上的差异呢?一般来说,是由以下两个原因造成的。

图 A-3　伯努利现象实验

（1）翼型的特殊形状。如图 A-4 所示，从 3 种常见的翼型中可以发现，大部分飞机的下弧线比较平直，上弧线向上弯曲。飞机在飞行过程中，空气在机翼前缘分开，由于空气的流动具有连贯性，所以通过 A 点的空气仍会在 B 点汇合。又由于在相同时间内空气经过机翼上弧面的路程比较长，所以上弧面空气的流动速度较快，如图 A-5 所示。在平飞时，翼型是导致机翼上下面空气流速差的主要原因。

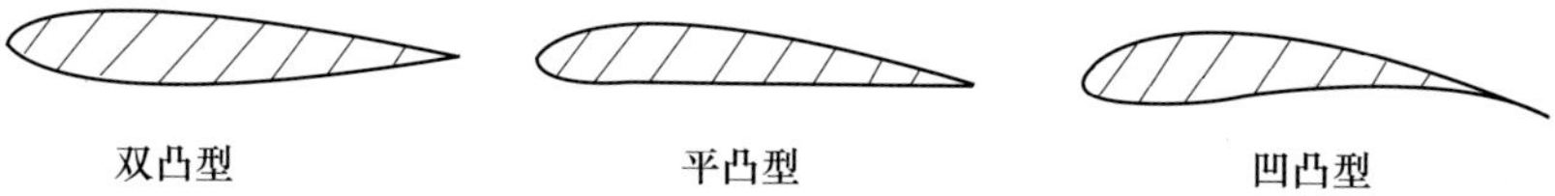

双凸型　　　　平凸型　　　　凹凸型

图 A-4　三种常见翼型

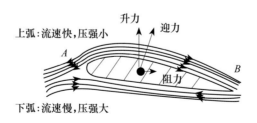

图 A-5　速度和压强

（2）机翼的迎角。"迎角"指的是翼弦与相对气流的夹角。如图 A-6 所示，

飞机在上升过程中,迎角较大。一部分空气在通过机翼下弧面时受阻,速度减慢;一部分气流通过机翼前缘从上面通过,气流速度较快。在飞机爬升过程中,迎角是导致机翼上下空气流速差的主要原因。

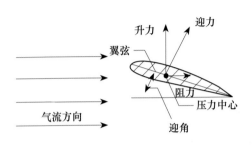

图 A-6 迎角

三 升力的大小

关于升力的大小,我们一般按照以下升力计算公式进行计算:

升力 =1/2 升力系数 × 空气密度 × 气流速度的平方 × 翼面积

气流对升力的影响是非常大的,我们根据公式马上就可以想到为什么我们经常要求迎风投掷模型,为的就是要"吃"到较大相对气流速度,以提高升力。在两幢高楼间很难放飞模型,选择在气流稳定的清晨或者有较多上升气流的午后进行放飞就是这个道理。升力系数主要由翼型、安装角、迎角等因素决定。

四 模型飞机飞行时为什么会产生阻力,怎样减小阻力

阻力是飞行的消极因素,它会降低模型飞机的各种性能。产生阻力的原因主要有如下两个。

1. 形状阻力

形状阻力也称作压差阻力,是飞机前后压力差引起的阻力。F1赛车中常提及的"风阻系数"就是指形状阻力系数。飞机做得越具有流线型,形状阻力就越小。大部分螺旋桨的前端都有一个圆锥状的整流罩,这是为了减少行进中的形状阻力。减少形状阻力的主要方法是尽量减小模型的迎风面积,把模型的各

部分设计成流线型。

2.摩擦阻力

摩擦阻力是空气分子与飞机摩擦产生的阻力,只占总阻力的一小部分。减小摩擦阻力的主要办法是尽量把飞机表面打磨光滑。

五　升阻比

对于模型飞机的性能来说,当然是升力越大、阻力越小越好。为了综合评估升力阻力的作用,应用了"升阻比"的概念,升阻比 = 升力 / 阻力。一般升阻比较大时,模型飞机的性能较好。

六　力矩平衡与飞行

有了升力,模型飞机就可以离开地面了,但还不一定能够正常飞行。实现正常飞行还必须保持力矩平衡（即作用在飞机上的力矩互相抵消）,否则,飞机就会在空中出现翻滚、拉翻（即失速）等现象。力矩由力和力臂两个因素组成,单位是牛顿·米（N·m）。力矩作用在物体上会使物体发生转动,研究力矩首先要确定这个转动中心。在空中飞行的飞机由于没有任何支点,一般选用重心分析其力矩。这里,把绕重心的转动分解为绕三根理想轴的转动,这三根轴互相垂直,相交于重心。如图 A–7 所示,贯穿模型前后的轴叫作纵轴 X,绕纵轴的转动就是摸型的滚转;贯穿模型左右的轴叫作横轴 Z,绕横轴转动就是模型的俯仰;贯穿模型上下的轴叫作立轴 Y,绕立轴的转动就是模型的方向偏转。

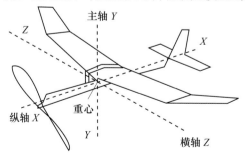

图 A–7　重心和三轴

1.俯仰平衡(绕横轴 Z 的力矩平衡)

凡是不通过重心的力都会产生抬头力矩或者低头力矩。具体判断该力矩究竟是抬头力矩还是低头力矩的一个比较简单的方法是画一根虚拟杠杆线,连接重心与该力的受力中心,这样就能看出如图A-8所示的各抬(低)头力矩。如果总抬头力矩 > 总低头力矩,飞机就会抬头拉翻;如果总低头力矩 > 总抬头力矩,飞机就会低头俯冲。

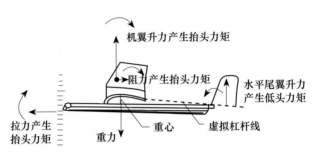

图 A-8 俯仰平衡

2.横侧平衡(绕纵轴 X 的力矩平衡)

从飞机正面看,凡是不通过重心的力都会产生滚转力矩。左翼产生向右滚转的力矩,右翼产生向左滚转的力矩。横侧平衡的条件是:

$$总左倾力矩 = 总右倾力矩$$

如果不相等,模型就会倾斜滚转。

3.方向平衡(绕立轴 Y 的力矩平衡)

从上向下看(俯视),凡是不通过重心的力都会产生左转力矩或右转力矩。左翼的阻力产生左转力矩,右翼的阻力产生右转力矩。方向平衡的条件是:

$$总左转力矩 = 总右转力矩$$

如果不相等,模型就会向左或向右偏转。

七 安定性与飞行

理论上讲,只要有足够的升力,又达到了力矩平衡,模型飞机就可以飞行了。在理想的环境(气流稳定)下应当是这样,但事实上,天空中有有太多变化

的气流,会破坏本来已经达到的力矩平衡。能够抵抗外部干扰（即外来干扰破坏平衡后,飞机可以自动恢复平衡）的特性叫作飞机的安定性。

飞机有以下三方面的安定性。

1. 俯仰安定性

俯仰安定性是指当俯仰平衡被破坏后能自动恢复平衡的特性。水平尾翼的主要功能就是保持俯仰安定。水平尾翼面积越大、机身越长,其安定作用就越强。重心位置与俯仰安定性也有关系,重心在 25% 翼弦（即重心距离机翼前缘的距离占翼弦的 25%）以前时,机翼起安定作用;重心在 25% 翼弦以后时,机翼不起安定作用。

2. 横侧安定性

横侧安定性是指当横侧平衡被破坏后能够自动恢复平衡的特性。机翼上反角的主要功能就是保持横侧安定。当模型受到干扰向左倾斜后,整个模型就会向左侧滑,左机翼往下掉,于是,左边的相对气流除了一般从前缘往后缘流的气流以外,还会碰到一个从下往上的相对气流,结果就相当于左机翼的迎角增大而使得升力增大,右机翼则刚好相反而升力减小,两者的力矩之差就产生了一个横侧的修正力矩模型就能向右滚转恢复平衡,如图 A-9 所示。

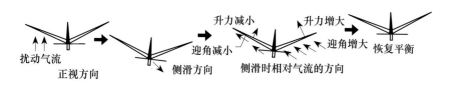

图 A-9　横侧安定性

3. 方向安定性

方向安定性是指当方向平衡被破坏后能够自动恢复平衡的特性。垂直尾翼的主要功能就是保持方向安定,其基本原理与横侧安定性中的上反角是相同的,都是因为一个相对代流产生的修正力矩。垂直尾翼面积越大、尾力臂越长,其安定作用就越强。

航模飞行因素

 空气的动力和空气动力学

1. 空气的动力

空气就在我们身边,充满了每一个角落,平时看起来十分平静,一旦运动起来便会产生巨大的能量。例如,我们常常可以看见大风吹坏广告牌,台风拔起大树,等等。这些都是运动起来的空气在显示它的巨大威力。

即使看起来相对静止的空气,也非常有"力气"。可以做一个小试验:准备半杯热水(热一些但不要烫手),倒入一个用过的矿泉水瓶子,将瓶子摇晃几下后盖紧瓶盖。这时,只要耐心地等几分钟,就会听到"啪啪"的响声,瓶子似乎被起来静止的空气"捏扁了"。

空气还会把我们做的模型、自然界的小鸟、几吨甚至几百吨重的飞机"举"起来在天空飞翔。这是为什么呢,空气有什么特性,它的"静止"和"运动"遵循什么样的规律,怎样才能利用这些特性和规律、利用空气的巨大能量为人类服务呢?

2. 空气动力学

空气和人类的关系是多方面的,人们通常所说的空气动力学一般是指飞行器的空气动力学,尤其是普通飞机的空气动力学,本书特指模型飞机的空气动力学。

模型飞机的空气动力学是指模型飞机与空气之间相对运动时空气的运动规律及空气对模型飞机的作用力所遵循的规律。

为了研究方便,人们常常把运动中的模型飞机看作静止不动,而把空气看作是不断运动的。根据相对运动原理,空气这种运动的规律和对模型飞机的作用力的规律是相同的。

研究空气动力学和其他物理学学科一样,有理论研究和实验研究两大方法。制作、试飞模型飞机是最好的实验研究方法之一,也是实验研究和理论研究结合最紧密的一种方法,该方法可以在最短的时间内验证理论研究所做的推论,也可以在较短的时间内对此进行改进制作,多次调整模型,并多次试验飞行,便于找出理论研究的问题,修正偏差。

二　我们周围的大气

地球表面有一层很厚的空气,距离地表 10~20 千米,称之为"对流层"。云、雾、雨、雪、风、上升气流、下降气流等自然现象都发生在这一层大气内。

对流层向上的空气可以根据不同的特点分为平流层（20~50 千米）、中间层（50~80 千米）、暖层（100~800 千米）和散逸层（800 千米以上）。大气层的上界在哪里,1 000 千米,2 000~3 000 千米,11 200 千米,还是 64 000 千米？ 这个问题也需要靠同学将来的研究才可以回答。

我们周围的空气(主要指对流层)是由什么组成的呢,它又有什么特性呢?

1. 空气的成分

空气成分包括:氮气（N_2）,占 78.03%；氧气（O_2）,占 20.93%；氩气(Ar),占 0.93%；二氧化碳(CO_2),占 0.03%；其他如臭氧(O_3)、一氧化氮(NO)、二氧化氮 (NO_2) 在空气中的质量分数分别是 0.025 mL/m³,0.002 mL/m³,0.004 mL/m³,占 0.031%；此外,空气中还有微量的惰性气体。

由于人类活动排放到空气中的有害物质,可以分为粉尘类、金属尘类、湿雾类、有害气体类等。

2. 空气的特性

空气有如下特性:

（1）空气无处不在,地球周围都是空气,连最细小的空间,甚至于肉眼看不见的缝隙都充满了空气。

（2）空气无色、无味、看不见、摸不着。

（3）空气占有空间,但无固定的形状。

（4）空气可以被压缩。

（5）空气有黏性。

（6）空气有重量。

（7）空气在气温 20 ℃，大气压强 101 kPa 时，密度为 1.293 kg/m³。

（8）空气虽然看不见、摸不着，但其流动性跟水非常相似，称为流体，人们在研究空气流动性时常常用看得见、摸得着的水做试验，然后再把试验结果用到空气中加以验证，便可以掌握空气流动的规律。

（9）空气在永不停止地运动，无风的时候，仔细观察树叶，就能发现空气运动的痕迹，也就是人们常说的"树欲静而风不止"，在能射进阳光的屋子里，把门窗紧闭顺着阳光静静地观察，就能发现空气中阳光照亮的悬浮物，它们在上下左右无规律地飘动着，这是因为空气在运动，所以人们才看见空气中悬浮的物体在飘动。

（10）空气虽然很轻（每立方米不到 1.3 千克），但人们所生活的地球表面被很厚的大气层覆盖着（几百、几千甚至上万千米），人们在海平面测量得到标准大气压是 10 332.31 Pa，这是一个非常巨大的数字，相当于指甲盖大小的地方要承受一千克的质量，一张 A4 纸经过三次对折后要承受 80 多千克的质量。大气压作用的地方都有反向的大气压在作用着，所以大气压力虽然大，但一般都处于平衡状态，国产歼击机（歼 8 Ⅱ 型）在最大起飞质量时，如果按照标准大气压计算，机翼上表面和下表面压强只要 4% 就能起飞，所以压强的变化是极为重要的，要关注压强变化的条件和每一个微小变化，这是影响飞行的至关重要的因素。

三 模型飞机飞行姿态的调整和控制

1. 控制模型飞机飞行姿态的舵面和调整片

现实生活中，控制飞机飞行的姿态，靠副翼、升降舵、方向舵和发动机。遥控模型飞机差不多也是如此，但线操纵模型飞机就有些区别，自由飞类的摸型飞机更是大不一样，这类模型飞机一旦起飞，就不再受人的控制，完全凭事先调整好的状态自动飞行。如果飞行姿态不理想，只能等降落后进行调整，再次试

飞。所以,模型飞机的调整片非常重要,图A-10给出了模型飞机各个调整片的所在位置,它们的作用分别叙述如下。

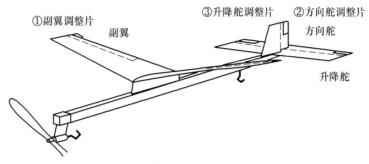

图A-10　模型飞机的舵面和调整片示意图

（1）副翼和副翼调整片

在遥控模型飞机上,左、右副翼动作是相反的。操纵时左边副翼向下的同时右边副翼向上,这时,模型飞机圈绕纵轴（X轴）向右倾斜（这个操纵动作如持续,模型飞机会围绕纵轴向右滚转）;反向操纵时,右边副翼向下的同时左边副翼向上,模型飞机会向左倾斜。

线操纵模型飞机的"副翼"不是真正意义上的"副翼",左右两边的动作相同,更像飞机的襟翼,作用是增加机翼升力,所以也叫"襟副翼"。

副翼调整片常安装在靠近翼尖的后缘处,如图A-10中的①所示。机翼在制作过程中会有一些变形,为了纠正这些变形所引起左右机翼的空气动力的差异,需要安装调整片。

有些时候,机翼没有变形,为了调整飞行姿态,会故意制造左右机翼的空气动力的差异而安装调整片。

副翼调整片的制作如图A-11所示。

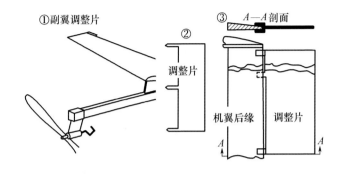

图 A-11　副翼调整片的制作

①选择铝质的易拉罐,剪开、展平,按图 A-11 中的②所示形状下料,参考图 A-10 中①的位置画安装线;

②调整片两边的尖部向下弯 90°,中间一个尖则向上弯;

③把调整片伸出来的三个尖,按照两边在上中间在下分别插入后缘的木条中,如图 A-11 中③所示;

④把调整片整理平整即可。

副翼调整片如装在模型飞机右边的翼尖处,向上调整,飞机向右倾斜,向下调整,则飞机向左倾斜;如装在左边的翼尖处,向上调整,飞机向左倾斜,向下调整,则飞机向右倾斜。

副翼调整片可以只安一片。

(2)方向舵和方向舵调整片

遥控模型飞机的方向舵很大,能完成一些真飞机很难完成的特技动作。正常飞行时,方向舵产生的侧向力可使模型飞机绕竖轴(Y轴)改变方向。方向舵舵面向左边,则飞机向左转;舵面向右,则飞机向右转。

线操纵模型飞机一般围绕操纵手作逆时针飞行,也就是不断在左转弯飞行但是方向舵却是向右边固定的,这是为了使模型有一个向外飞行的趋势,把操纵线绷紧,便于操纵。

自由飞模型飞机的垂直尾翼一般使用对称翼型,尽量安装在正中,不要偏

斜,也不装方向舵。手掷试飞时能平直下滑最好,加上一个调整片,就能方便地控制转弯半径。

方向舵调整片的制作如图 A–12 所示。

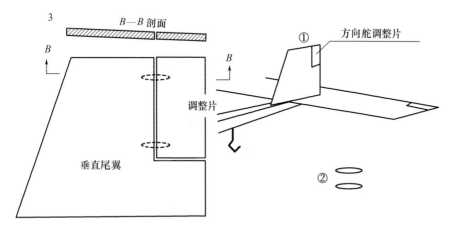

图 A–12　方向舵调整片的制作

①在垂直尾翼上端后缘处画线并切下调整片,如图 A–12 中的①所示;

②用易拉罐的皮剪出大约 3 mm 宽、12 mm 长的两片连接片,两头剪成尖形,如图 A–12 中的②所示;

③在调整片和垂直尾翼连接的地方分别做两个记号,把两个连接片分别插入垂直尾翼和调整片,如图 A–12 中的③所示;

④在垂直的接缝处,粘上胶带纸加强;

⑤方向舵调整片也可参照图 A–12 进行制作。

方向舵调整片向左边调整,模型向左转;向右边调整,则模型向右转。

3. 升降舵和尾翼安装角的调整

遥控模型飞机的升降舵在整个水平尾翼中所占的比例较大,这是为了完成高难度的动作。推杆时,升降舵向下,相当于增大水平尾翼翼型的弯度,同时增大了迎角,水平尾翼升力增大对重心产生低头力矩,使模型飞机绕横轴（Z 轴）偏转（低头）,机翼工作迎角减小;拉杆时,升降舵向上,模型飞机抬头,使机翼的的工作迎角增大。

线操纵模型飞机全凭操纵升降舵做各种动作,在装有襟副翼的模型飞机上,升降舵和襟副翼联动。拉杆时,升降舵向上,飞机抬头,襟副翼同时向下,增大了机翼的升力,这样可以大幅度地减小转弯半径,便于模型完成机动动作;推杆时,升降舵向下,襟副翼同时向上。

自由飞模型飞机一般没有升降舵,大多使用平凸翼型制作水平尾翼,多数也不安装升降舵调整片。调整俯仰平衡的时候,采用调整水平尾翼安装角的办法进行。

（4）可拆装的水平尾翼安装角调整方法

现介绍一种可拆装的水平尾翼安装角调整方法,如图 A–13 所示。

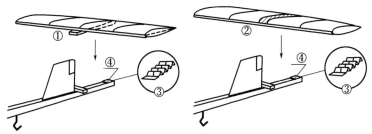

图 A–13　调整水平尾翼的安装角

①在水平尾翼中间安装翼托板,如图 A–13 中的①所示,或者在水平尾翼中间一段的上弧面蒙上木板,如图 A–13 中的②所示,用橡皮筋把水平尾翼绑在机身水平尾翼翼台上。

②注意定位。捆绑时,前后、中线的位置都要在水平尾翼和机身相应的位置上做上标记,拆卸后再一次安装时要对准标记,以保证安装位置的一致性。

③用复印纸剪成条状,折叠成如图 A–13 中的③所示的垫片,并给每一层写上编号,一端粘在机身尾部（与水平尾翼后缘对应）,安装水平尾其时,把垫片压紧,如图 A–13 中的④所示。

④调整水平尾翼安装角时,可以把如图 A–13 中的③所示的垫片一部分压紧,一部分拽出来不垫在水平尾翼后缘与机身的缝隙中,并记住编号。垫片数增加,安装角减小,相当拉杆,模型飞机抬头;垫片数减少,安装角增加,相当于

推杆,模型飞机低头。

有一些简易模型飞机为了简化设计和制作,常常把水平尾翼直接粘到机身上。为了把模型飞机飞行的姿态调整到最好,建议安装升降舵调整片。木制的水平尾翼可以参考图 A-13 方向舵调整片的方法进行制作,框架式的水平尾翼调整片不能只装一片,一定要两边同时安装,并尽可能地对称。

(5)做调整片的方法

有些模型飞机用吹塑纸制作水平尾翼,现介绍一种做调整片的方法,如图 A-14 所示。

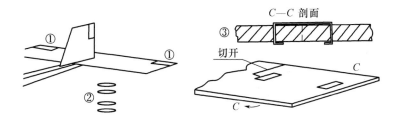

A-14　升降舵调整片的制作

①在水平尾翼两端后缘处对称画出调整片的位置,如图 A-14 中的①所示;

②用易拉罐的皮剪出大约 3 mm 宽、12 mm 长四片定型片,两头做尖,如图 A-14 中的②所示;

③把调整片沿纵轴方向的线切开,每一片调整片沿横轴方向固定两片定型片,如图 A-14 中的③所示;

④需要改变调整片角度时,用双手手指分别掐住定型片两端,使其向上或向下变形,一个调整片上两个定型片的变形量尽可能一致。

(5)水平尾翼两端的调整片同时向上时,模型飞机抬头;同时向下时,模型飞机低头。两端的调整片应尽可能保持一致,必要时要测量切口后缘处的距离。

2. 模型飞机正常的滑翔姿态

手掷试飞时,模型飞机正常的滑翔姿态可以用"平直稳定"四个字概括,如

图 A–15 所示。做到平直稳定其实并不难,把不平、不直和不稳定因素纠正过来就可以了。

图 A–15　模型飞机正常滑翔的姿态

比留空时间的模型飞机,下沉速度要尽量地小;比直线距离的模型飞机,下滑角要尽量地小。下沉速度和下滑角都需要精心的调整。

比留空时间的模型飞机,盘旋半径要恰到好处,小场地盘旋半径可以小一些,大场地可以适当加大一些,应尽量照顾调整下沉速度的需要;比直线距离的模型飞机,当然应尽量调成直线。

（1）纠正"头重"现象

如图 A–16 所示为"头重"现象,主要由不同的原因造成,纠正的方法也不同。

①跟设计图相比较,测量重心位置。如确定重心位置偏前,纠正的方法是减小机头的配重,把重心移到正确的位置上。

②如果头不重,重心位置正确或稍向后,这时就不能再减小机头的配重了。纠正的方法应该是减小水平尾其的安装角（参考图 A–13 增加垫片的片数）。如果水平尾翼是固定的,就需要把左右两边的升降舵调整片同时向上调整一点。

图 A–16　"头重"现象

③如果模型飞机的机翼可以调整安装角,则可以把机翼安装角增大一些。

④有些模型飞机的机翼可以在机身上移动位置,这时可以把机翼向前移动一点。

纠正"头重"现象的方法很多,每一种方法都可能会有效,因此,一次只宜选择一种方法试脸,切不能同时使用几种方法。

2. "失速"现象和波状飞行

模型飞机在飞行过程中经常会发生失速现象。了解发生失速现象时模型的受力情况对于调控模型飞机的滑翔姿态是必要的。

正常滑翔过程中突然遇到上升气流的一瞬间有可能引起失速。如图A-17(a)所示,飞行方向相对气流速度加上上升气流速度后成为气流合速度,这时模型飞机的下滑姿态虽然没有改变,但迎面气流的方向却发生了改变,机翼的工作迎角达到失速迎角。进入上升气流团以后,模型飞机和整团气流一起上升,模型飞机和上升气流没有相对运动,这时模型飞机处于正常滑翔的状态,跟着上升气流团一起上升。

没有动力的模型飞机是不能维持平飞的,滑翔机进入平飞状态后可能引起失速。如图A-17(b)所示,模型飞机靠惯性(或因"扰动")进入平飞状态,因为没有拉力和阻力平衡,速度下降,升力下降。升力下降后不足以平衡重力,在重力作用下,模型飞机下沉。飞行速度和下沉速度形成的合速度使模型飞机的工作迎角达到失速迎角。

模型飞机靠惯性进入爬升状态,如图A-17(c)和图A-17(d)所示,重力的分力1和阻力迅速减速。升力小于重力时模型开始下沉,迎面气流使模型飞机的迎角达到了失速迎角,模型飞机失速。

波状飞行是模型飞机没有调整好时常见的一种飞行现象。

以图A-17(c)小爬升角失速为例,模型飞机机翼到达失速迎角后,机翼升力迅速下降,阻力大幅提高,模型飞机进一步下沉,速度进一步减小。这时,尾翼的工作迎角处于升力系数较大的范围,尾翼的升力使模型飞机产生很大的低头力矩,低头力矩使模型飞机低头发生俯冲,俯冲时机翼和尾翼恢复了正常的

工作迎角,逐渐抬起头来,积累了速度,速度增大之后,再一次发生小角度爬升,再一次出现如图 A-17(c)所示的失速现象。

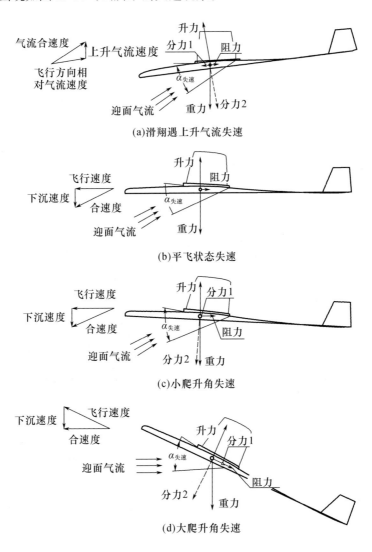

图 A-17　失速

模型飞机反复出现失速、俯冲、抬头、爬升、再失速,这种像波浪一样的飞行状态就称为波状飞行。

（3）纠正"头轻"现象

如图 A-18 所示，波状飞行状态也叫"头轻"现象，主要是由两个不同的原因造成，纠正的方法也不同。

图 A-18　"头轻"现象

①测量重心位置，跟设计图相比较。如果重心位置偏后，纠正的方法是增加机头的配重，把重心移到正确的位置上。

②头不轻，重心位置正确或稍向前，这时就不能再增加机头的配重了，纠正的方法应该是增大水平尾翼的安装角（参考图 A-13 减少垫片的片数）。如果水平尾翼是固定的，就需要把左右两边的升降舵调整片同时向下调整一点。

③如果模型飞机的机其可以调整安装角，则可以把机翼安装角减小一些。

④有些模型飞机的机翼可以在机身上移动位置，这时可以把机翼向后移动一点。

⑤纠正"头轻"现象的方法很多，每一种方法都可能会有效，因此，一次只能选择一种方法试验，切不能同时使用几种方法。

（4）评价模型的俯仰稳定性

纠正了"头重"和"头轻"现象，再来评价一下模型飞机的俯仰稳定性。此时，假定已经调整到如图 A-15 所示的飞行状态。

俯仰稳定性好的飞机在"扰动"造成波状飞行后，能在两三个波状飞行之内很快恢复平衡，如图 A-19 所示。

图 A-19　俯仰稳定性好的模型飞机

如图 A-20 所示,俯仰稳定性差的模型飞机在正常滑翔过程中遇"扰动"会产生轻微失速,如图 A-20 中的②所示。进入波状飞行后,一次比一次失速严重,如图 A-20 中的②和③所示。

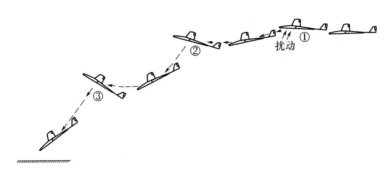

图 A-20　俯仰稳定性差的模型飞机

遇到模型飞机俯仰稳定性差时,应参看前面有关俯仰往定性的章节,采取向前移动重心、加大尾力臂(LH)、增大水平尾翼面积等措施,提高俯仰稳定系数(Api)。

(5)调整滑翔时盘旋方向和半径

沿纵轴仔细检查模型飞机机其的变形情况,机翼制作过程中很容易发生扭曲的现象,严重的扭曲一定要纠正过来。

轻微的机翼变形很不容易纠正,有三种情况,如图 A-21 所示,分别应该做如下调整。

①如图 A-21(a)所示,机翼没有变形,这时,应当参照图 A-11 在右翼的翼尖处加装一个副翼调整片,并向下调一个角度,如图 A-21(a)中的①所示。

②如图 A-21(b)所示,右边机翼翼尖迎角加大 0.5° ~ 2° ,变形比较轻微,这是"好扭",不需要调整。

③如图 A-21(c)所示,左边机翼翼尖迎角加大,变形不易纠正时,应当参照图 A-11 在右翼的翼尖处加装一个大一些的副具调整片,并向下调一个角度,如图 A-21(c)所示。

经过上述调整的模型飞机,应该确定为向右盘旋上升,并且向右盘旋滑翔。

如果模型飞机还是向左倾斜,向左转弯,就要用方向舵调整片向右调整,用方向舵强迫模型飞机向右转弯。

盘旋半径大小的调整为:将方向舵调整片向右偏转,右盘旋半径变小;反之,则变大。

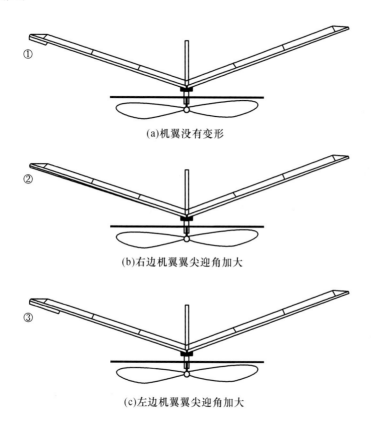

图 A-21　检查机翼的变形情况

（6）"好扭"和"坏扭"

在选择右盘旋上升和右盘旋滑翔的模型飞机上,如图 A-21（b）所示的这种轻微的扭曲有益于改出波状飞行状态,故称之为"好扭"。右盘旋过程当中,如上升气流使模型飞机迎角增加,整个机翼趋近于失速迎角时,由于右翼翼尖迎角大,右翼翼尖首先失速,失速之后升力减小,阻力增加。升力减小增大了向右

倾斜的角度,减小了右盘旋半径,阻力增加也减小了右盘旋半径。盘旋半径减小使得迎角减小,避免了整个机翼失速,进而恢复平衡。

橡皮筋动力模型飞机和电动模型飞机一般应选择右盘旋才能稳定上升,所以应选择右盘旋滑翔。

如图 A-21（c）所示的扭曲称为"坏扭",必须修好,加上 A-21（c）中③的调整片并向下调整适当的角度即可。

对于弹射模型飞机、牵引模型飞机等不受动力限制的模型飞机来说,也可以选择左盘旋滑翔。可以根据机翼的变形进行选择,如图 A-21（c）所示,左边机翼翼尖迎角加大的模型飞机,不用加调整片③直接选择左盘旋滑翔。左边机翼翼迎角加大的模型飞机,对于左盘旋飞行来说是"好扭"。

哈尔滨工程大学大学生创新工作室简介
——哈尔滨工程大学航模队

哈工程航模队的前身是1994年成立的飞行器爱好者协会,历经二十余载,由哈工程航模爱好者组织。

1994年,我校大学生积极创建飞行器爱好者协会,共定蓝天之约。在缺乏资源的条件下,协会创办者自助学习航空航天模型设计制作相关知识,结合实践设计制作模型,并最终在校内外的科创比赛中崭露头角。

秉着艰苦卓绝、励精图治的精神,一路走来,航模队始终坚持纯手工制造。二十余年的传承,传承的不仅是这份航模制作的手艺,还有严谨、爱护和责任。每一位成员始终以饱满的精神状态和无私的自我奉献精神迎接着每一个挑战,二十余年竭力为母校争夺荣誉,用勤奋与能力换来每一个证书与奖杯。

随着我国航空航天事业的飞速发展以及人们对无人机关注度的日渐提高,飞行器爱好者协会实力越来越发展壮大,最终发展成为具有百人规模的哈尔滨工程大学生航模创新工作室。

科研类全国航空航天模型锦标赛由国家体育总局、教育部和科技部联合主办,自2004年起已举办11届。该项赛事旨在提高学生身体素质,结合相关科研任务进一步挖掘、拓展高校学生及科研院所相关人员的科技创新能力,为培养航空工业和国防后备力量搭建一个发掘创新人才、检验创新作品的平台,贯彻落实科学发展观,贯彻国家"十二五"规划的要求,坚持把科技进步和创新作为加快转变经济发展方式的重要支撑,推动科技创新活动的开展,提高参与者自主创新的能力。

我校航模队于2004年开始参加科研类全国航空航天模型锦标赛(CADC),为母校争取荣誉。十三年中,我校多次获得全国航空航天模型比赛的各种大奖,

同时参赛的有清华大学 、北京航空航天大学、西安交通大学、上海交通大学、西北工业大学、四川大学、中国计量大学等,在参赛过程中同其他团队交流对航模队的发展具有重大意义。此后,航模队发展迅猛,开始参加更多更高级的赛事。通过这些比赛,队员们的辛勤付出经受住了考验并得到了认可,同时,通过这些平台与其他高校参赛队伍进行交流,积累了解其他团队的设计思想、经验教训,并对作品做进一步的改进,成为今日众参赛队伍中的佼佼者。

2017 年"飞向北京—飞向太空"全国青少年航空航天模型教育竞赛活动(北方站) 竞赛规程

一 组织机构

（一）主办单位

"飞向北京—飞向太空"全国青少年航空航天模型教育竞赛活动（北方站）组委会。

（二）支持单位

国家体育总局、教育部、中国科协、共青团中央、全国妇联、中国关工委、黑龙江省教育厅、黑龙江省科学技术协会。

（三）承办单位

大学生组比赛：黑龙江省航空学会、哈尔滨工业大学、哈尔滨工程大学、哈尔滨石油学院。

中小学生组：黑龙江省航空学会、黑龙江省通用青少年科技体育活动中心、哈尔滨市香坊区教育局、哈尔滨市青少年科技体育协会。

（四）冠名单位

厦门轻工集团有限公司。

（五）媒体支持单位

新华社、人民日报、中央电视台、中央人民广播电台、科技日报、中国体育报、中国日报、中国教育报、中国旅游报、中国少年报、航空模型、少年科学画报等。

二 时间和地点

2017 年 3 月至 7 月在各地区进行选拔赛,全国总决赛(北方站)的比赛于 2017 年 8 月 26 日至 27 日在黑龙江省哈尔滨石油学院进行大学生组和中小学生组的比赛。

三 青少年组竞赛项目(大学生项目略)

(一)主项项目

1. "翼神"橡筋动力扑翼机竞时赛

2. "轻骑士"橡筋动力滑翔机竞时赛

3. "红雀"橡筋动力飞机竞时赛

4. "小飞龙"弹射飞机竞时赛

5. "黄鹂"手掷飞机直线距离赛

6. 仿真纸飞机航母着舰积分赛

7. "创新号"弹射飞机美化竞时赛

8. "米奇一号"电动自由飞竞时赛

9. "神鹰"火箭助推滑翔机竞时赛

10. "东风一号"火箭带降竞时赛

11. "飞天梦"火箭伞降竞时赛

12. 创新航天火箭模型拼装放飞竞时赛

13. "神箭"火箭 50 米打靶赛

14. "空中战士Ⅱ"线操纵飞机积分赛

15. "美嘉欣"遥控四轴飞行器竞时赛

16. "天戈"遥控直升机障碍赛

17. "卡博"仿真遥控飞机绕标竞速赛

18. "挑战者"无人机穿越赛

19. "美利达"遥控飞机追逐赛

20. 遥控纸飞机穿龙门赛

21. 模拟遥控固定翼飞机自动停车定点着陆赛

22. 模拟遥控直升机超低空穿越障碍赛

（二）兼项项目

1. 水火箭打靶赛

2. 电动纸折飞机竞时赛

3. 悬浮纸飞机靶标竞时赛

4. 飞翼滑翔机冲浪竞时赛

5. "奔月"手掷飞机三人接力团体赛

（三）航空航天绘画评比

绘画主题：云端之上。

四 组织及竞赛办法

（一）组织单位

"飞向北京—飞向太空"全国青少年航空航天模型教育竞赛活动组委会（以下简称"组委会"）下设"飞向北京"活动办公室，负责日常和全国总决赛工作。

（二）竞赛分组

设小学男子组、小学女子组、中学男子组、中学女子组。参赛选手须为中小学在校学生（含当年毕业生），组别按学年划分。航空航天绘画评比设Ⅰ组（6~9岁）、Ⅱ组（10~13岁）、Ⅲ组（14~17岁）。

（三）地区选拔赛和全国总决赛

1.2017 年 3 月至 7 月，由组委会办公室批准的全国青少年科技体育活动组织单位举办各地区选拔赛，选拔赛规则可根据当地情况参照全国总决赛规则执行。

2.2017 年 8 月 26 至 27 日在黑龙江省哈尔滨市哈尔滨石油学院举行全国总决赛（北方站）。全国总决赛执行《第十九届"飞向北京—飞向太空"全国青少年航空航天模型教育竞赛活动竞赛规则》。参加全国总决赛的每名小学男子组、

小学女子组运动员限报主项项目中除第 9 项外的任一项目,参加全国总决赛的每名中学男子组、中学女子组运动员限报主项项目中除第 4 项、第 6 项和第 10 项外的任一项目,同时,都允许报兼项项目第 1 项至第 5 项中任一项目(组队报兼项项目 5 的三名运动员须在同一组别)。所有运动员都允许参加航空航天绘画评比活动。

(四)竞赛设备

竞赛用模型和电池等材料由中国航空运动协会统一规范,全国青少年科技体育活动组织单位组织实施,参赛运动员本着自愿的原则,自费购买器材。

(五)全国总决赛报名

1. 由组委会办公室批准的全国青少年科技体育活动组织单位负责组队参加全国总决赛,并在报名表上加盖公章。

2. 全国总决赛参赛运动员的名额分配根据全国青少年科技体育活动组织单位的以下工作绩效确定:培训模型科技辅导员人数、开展模型普及活动学校数、参加活动单位决赛(选拔赛)人数、参与普及活动学生人数等。

3. 全国总决赛报名截止时间:2017 年 8 月 15 日,逾期报名不予办理。

4. 全国总决赛报名方式:纸质版报名表按统一格式填报、打印,一式两份并加盖公章,分别传真或邮寄至组委会办公室和总决赛承办单位;电子版报名表发至 li8263477@163.com。

(六)执行规程

航空航天绘画评比活动的组织及参赛办法等执行《2017 年国际航联青少年航空绘画大赛中国区选拔赛规程》。

五 名次录取及奖励

1. 竞赛组别的参赛单位不足 4 个或参赛人数不足 6 人时,按项目和年龄等就近原则合并到其他组别参赛,合并后仍不足则列为展示项目。

2. 根据成绩优劣,按各项目各组别参赛人数的 20% 颁发一等奖证书、20% 颁发二等奖证书。25% 颁发三等奖证书,其余颁发优胜奖证书;各项目各组别

前三名颁发奖牌。

3.兼项项目的全国总决赛名次录取及奖励办法另行通知。

4.航空航天绘画评比的名次录取及奖励办法执行《2017年国际航联青少年航空绘画大赛中国区选拔赛规程》。

5.组委会办公室根据各地竞赛活动组织情况,评选优秀组织单位和优秀辅导员。

6.各地选拔赛的奖励办法可根据本地的实际情况做适当调整。

六　其他

1.竞赛规程、规则解释权属国家体育总局航管中心。

2.全国总决赛仲裁委员会、裁判委员会人员由主办单位按有关规定选派。

2017 年度哈尔滨工程大学自主招生简章

为全面贯彻落实党的教育方针,坚持立德树人的根本任务,选拔和培养德智体美全面发展的社会主义建设者和接班人,根据《国务院关于深化考试招生制度改革的实施意见》(国发〔2014〕35 号)、《教育部关于进一步完善和规范高校自主招生试点工作的意见》(教学〔2014〕18 号)、《教育部关于做好 2017 年普通高校招生工作的通知》(教学〔2017〕1 号)文件精神,2017 年哈尔滨工程大学继续开展自主招生试点工作。

一 招生对象

拥护党的领导、理想信念坚定、思想品德高尚、学习成绩优良、具有学科特长和创新潜质且综合素质优良的高中毕业生。

二 招生计划

2017 年自主招生计划招生 150 人,纳入学校年度本科招生计划。

三 报名条件

申请报名须符合以下条件之一:

1. 高中阶段(近三年,下同)获全国青少年科技创新大赛、"明天小小科学家"奖励活动、全国中学生学科奥林匹克竞赛全国决赛(包括中国数学奥林匹克(全国中学生数学冬令营)、全国中学生物理竞赛决赛、中国化学奥林匹克(决赛)、全国青少年信息学奥林匹克竞赛)一、二、三等奖;

2. 高中阶段在省级赛区竞赛(包括全国高中数学联赛(省级赛区)、全国中学生物理竞赛复赛(省级赛区)、中国化学奥林匹克(初赛)(省级赛区)、全国青少年信息学奥林匹克联赛(省级赛区))获得一等奖;

3. 高中阶段获全国大中学生海洋知识竞赛一、二、三等奖;

4. 高中阶段理科生在数学、物理、化学某一学科,文科生在英语学科期末及模考成绩在学年单科排名前 2% 两次及以上;

5.高中阶段理科生在计算机、机器人、机械、数学、物理、化学、信息学等学科,文科生在英语、法学、思政、社会学等学科科技创新方面取得优秀成果;

6.高中阶段在经济、管理等方面开展创新性研究并取得优秀成果。

符合条件的考生根据专业填报条件,结合自己的学科特长、创新潜质及兴趣爱好,可报 2 个专业 (类)。招生专业 (类) 如下。

序号	专业(类)	填报条件
1	船舶与海洋工程、港口航道与海岸工程、土木工程、工程力学、飞行器设计与工程、飞行器动力工程、建筑环境与能源应用工程、能源与动力工程、轮机工程、自动化类、水声工程、电子信息工程（水声）、计算机类、工业设计、机械设计制造及其自动化、电子信息类、化学工程与工艺、材料科学与工程、数学与应用数学、光电信息科学与工程、核工程与核技术、核化工与核燃料工程	符合报名条件 1、2、3、4、5 的理科考生
2	工商管理类、金融学	符合报名条件的理科考生
3	法学、社会学、思想政治教育、英语	符合报名条件的文科考生(上海、浙江考生除外)

注:拟招收人数上限 150 人,招收总数将视报名情况及生源质量进行调整。专业体检受限事宜请参见《哈尔滨工程大学本科招生体检标准》。浙江省、上海市考生,须根据我校公布的各专业选考科目要求进行填报志愿。

四 录取办法

获得我校自主招生资格并经省级招办及教育部公示无异议的考生,必须在生源地相应批次 (具体要求以生源地省级招办规定为准) 报考我校。学校按如下办法录取。

优惠等级	条件	录取政策
A级	凭报名条件1且通过测试或测试优秀的考生	高考成绩（投档成绩，下同）达到所在省（区、市）一本录取控制线或自主招生最低录取控制参考线，予以录取
B级	测试良好的考生	1.上海考生高考成绩达到自主招生最低录取控制参考线上10分，予以录取；2.浙江考生高考成绩达到自主招生最低录取控制参考线上20分，予以录取；3.其他省份考生高考成绩达到所在省（区、市）一本录取控制线，且不低于我校模拟投档线下40分（江苏考生线下20分），予以录取
C级	测试合格的考生	1.上海考生高考成绩达到自主招生最低录取控制参考线上20分，予以录取；2.浙江考生高考成绩达到自主招生最低录取控制参考线上30分，予以录取；3.其他省份考生高考成绩达到所在省（区、市）一本录取控制线，且不低于我校模拟投档线下20分（江苏考生线下10分），予以录取

五 监督机制和申诉渠道

1.学校将遵循"公平、公正、公开"的原则,对初审合格名单、入围合格考生名单、录取名单均实行三级信息公开,按时进行公示,接受社会监督。

2.学校加强初审和测试的组织与管理。通过专家组初审确定初审合格名单。面试考核过程全程录像,专家名单和面试顺序由抽签随机确定,防止暗箱

操作。

3.考生本人应对报名材料真实性负责,一经发现有弄虚作假行为,将取消其自主招生资格,并按国家有关规定处理。

4.学校成立以主管校领导及相关职能部门负责人组成的监督小组进行全程监督并接受申诉,监督、申诉电话:0451-82519612。

航模图纸

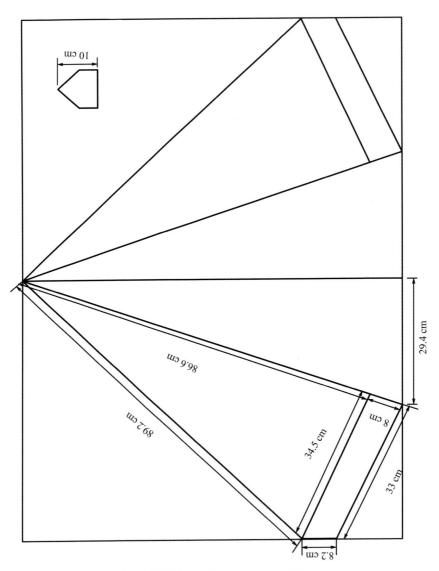

纸飞机图纸　尺寸:90 cm × 120 cm

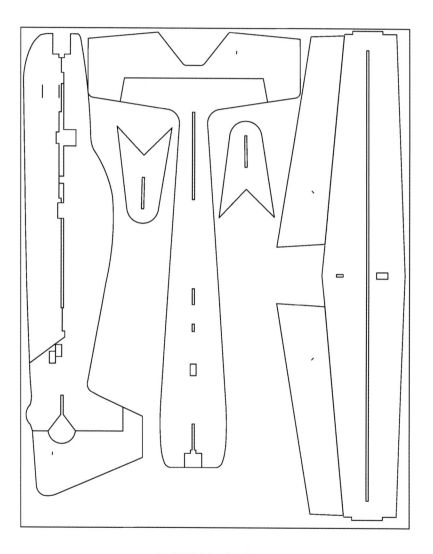

Extra 330 LX 飞机图纸　尺寸:80 cm × 100 cm

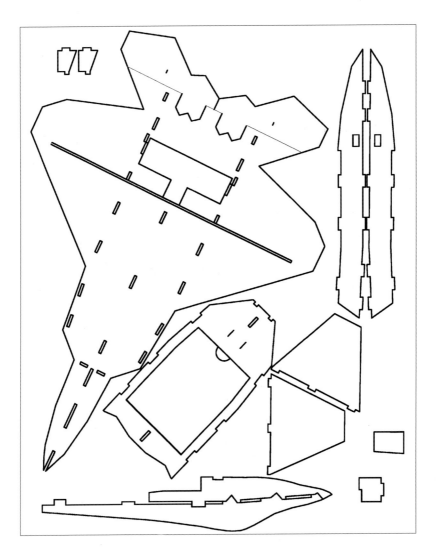

F-22 猛禽飞机图纸　尺寸:80 cm × 120 cm

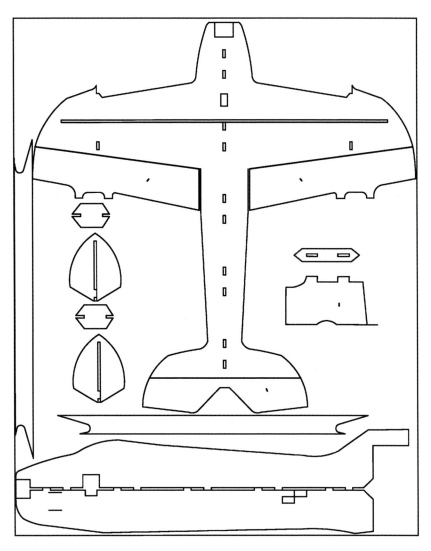

F3P 飞机图纸 尺寸: 80 cm × 100 cm

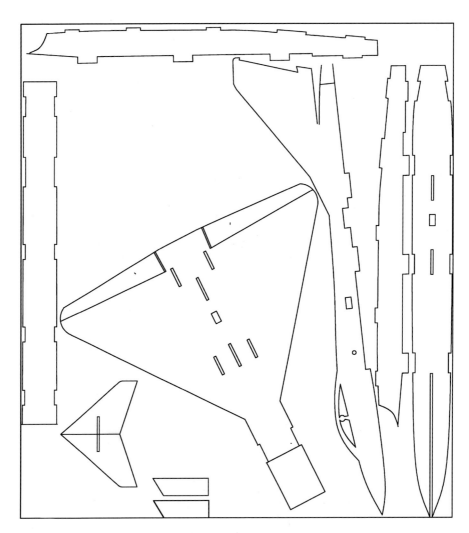

J10 飞机图纸　尺寸:90 cm×100 cm

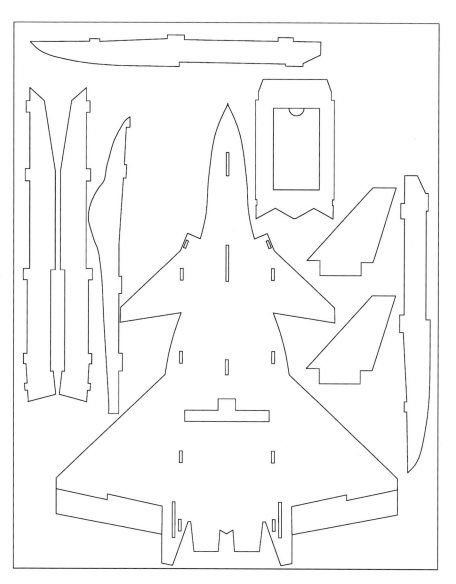

J20 飞机图纸　尺寸:90 cm × 120 cm